怀孕别怕，继续辣

造型师妈妈的美丽手记

淳子 著

吉林科学技术出版社

目录

CONTENTS

Chapter 5　平衡人生，美出质感

后记：美的言传身教

你好，我是淳子，是个造型师，也是一名妈妈

"从'工作狂'到事业与家庭平衡的双胞胎妈妈，并没有想象中那么难……"

晒孕照，赢大奖！
《怀孕别怕，继续辣》

怀孕是只有女人才能享受到的一次难忘又珍贵的人生经历。你相信可以"越怀孕，越美丽"吗？

淳子，作为一名知名造型师，深受姚晨、海清、戚薇、张梓琳、刘雯等百位明星、超模及国际政要的认可与喜爱。同为造型师和双胞胎妈妈的她，凭借对美的独特感悟，在此书中为爱美的年轻妈妈们分享了她的孕期护理、美妆实战秘笈、产后修复大揭秘、宝宝辅食与型娃搭配技巧。这样内外兼修的时尚魅力妈妈，才是孩子最好的榜样。

参与活动晒出你的美丽孕照，就有机会免费获得价值580元的芙丽芳丝（freeplus）x Hello Kitty 限量礼盒！

不要拿"为了宝宝"做借口，
任自己丑下去！

活动规则：

1. 新浪微博关注 @ 紫图图书 @ 造型师淳子。以 # 怀孕别怕继续辣 # 为主题，晒出你的孕照，并 @ 紫图图书 @ 造型师淳子。

2. 微信关注"北京紫图图书"（zito_64360028）公众号、关注淳粹生活志（chuncuishz）公众号，或者直接扫一扫右下方的二维码。以 # 怀孕别怕继续辣 # 为主题，在朋友圈晒出你的美丽孕照，并将截图私信给我们。

（以上两种方式任选哦！）

活动结束后，我们会选出入围晒图进行投票，根据最终票数结果在微博与微信公布幸运读者们名单并寄出奖品。截止日期：**2017 年 1 月 10 日。**

奖品设置：

一等奖 1 名： 价值 580 元的芙丽芳丝（freeplus）x Hello Kitty 限量礼盒 1 套

二等奖 2 名： 价值 430 元的芙丽芳丝（freeplus）保湿修护柔润化妆水 + 保湿修护柔润乳液 1 套

三等奖 3 名： 价值 150 元的芙丽芳丝（freeplus）净润洗面霜 1 支

（奖品以实物为准）

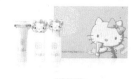

一等奖

\+

二等奖

三等奖

扫一扫，关注
紫图图书微信

扫一扫，关注
淳粹生活志

成为造型师的这些年

心怀"美"梦，总有一天会发光

如果你爱看时尚杂志，你也许认识我，我为《VOGUE》《ELLE》《时尚芭莎》《瑞丽》《米娜》《时尚 COSMO》等杂志担任过无数次的造型师的工作，帮明星、超模做过封面、大片造型。如果你爱看美妆节目，那么你可能也见过我，在《美丽俏佳人》、星尚频道《左右时尚》等节目中，我是担任造型解析指导的美妆老师，教授爱美的女孩们美容、化妆以及造型搭配技巧。对了，如果你用过 JUNKO EYELASH 的假睫毛，那你肯定认识我——这是我创立的个人假睫毛品牌！如果你热爱旅行，我上一本书《盛装旅行》可能也为你的旅途装扮提供些专业心得。

作为造型师，我的工作就是把人变美、变漂亮。这份工作让我辗转世界各地，也让我得到与超模、明星、政要合作的机会。比如超模杜鹃、张梓琳、刘雯，明星苏菲·玛索、张曼玉、海清、姚晨、戚薇，英国前首相夫人切丽·布莱尔，美国前劳工部部长赵小兰……我的工作和生活因为造型师这个身份而变得精彩纷呈。2014 年，我放缓

很荣幸，在大陆第一间诚品
书店看到自己的书

了工作的脚步，生下双胞胎姐妹 Kivi、Viki，她们对我的人生产生了巨大的、美好的影响，也正因如此，我迫不及待地想在这本书里与你分享我高龄生产的种种事宜和日常带娃那"甜蜜的辛苦滋味"。

在小 K、小 V 出生后不到半年，我便重新投入工作，努力平衡家庭和事业的天平。呵呵，你们应该看得出我是个工作狂了吧，或许因为我是摩羯座的哟。

最近几年随着事业渐入佳境，时常会有年轻女孩叫出我的名字："是淳子老师吗？"冲她们点头微笑的同时，我也在想，在美妆老师、睫毛女王等等头衔逐渐变成我生活的一部分之前，我也只是一个小女孩，一个爱美的小女孩。

回想那年，高中毕业后，怀抱满腔热情的我，独自奔赴东京 Hollywood 美容专门学校学习化妆发型，一切看起来都那么顺理成章。我热切地想要学习化妆，想象一切关于"化妆事业"在我人生履历中的所有可能性——就像那句歌词：跟着你的心走。那时的我丝毫没有关于远赴他乡的忧虑，紧紧跟随着我的是对造型师事业的渴望。在日本留学期间，我爱上了日本彩妆大师——藤原美智子，并视她为我事业上的偶像，不断地收集很多有她的专栏的杂志。正是那时，我心中埋下了一个梦想——若干年之后，我一定要变成像藤原美智子一样厉害的造型师。

哪有那么多"一夜成名"，其实都是百炼成钢

2003 年学成后，出于对家的眷恋以及对国内市场的看好，我毅然决定回国，作为当时还很吃香的一名"海龟"，我顺利进入了一家日企，负责高端定位的 Bridal Wedding（新娘造型）工作。理想的工资以及稳定的工作状态也许是很多人梦寐以求的，但我心里隐隐觉得，这并不是我的梦想——每天在我内心涌动的无限灵感与创意，很难在相对狭隘的新娘妆容上尽情挥洒。于是义无反顾地，我辞了职。我相信，拥有一技之长的人，如果还肯用心、努力，当真很难饿死。

上天爱勤奋的姑娘

辞职没多久，一次偶然的机会，我经朋友介绍认识了《秀

2012年：与苏菲·玛索一起工作
2010年：为英国前首相夫人切丽·布莱尔造型

With》杂志的摄影编辑。面试首个造型师工作时，对方听说我毕业于拥有九十年历史的美容专门学校，决定给我机会试试。

上天在为你打开一道门的同时，一定也附赠了等值的考验。当我终于开始了梦想中的创意造型工作时，也终于体会到了作为一名化妆造型师工作会有多累。当时的我还是一个新人，所以没有助理，只能拎着10千克的化妆箱，艰难上下五层楼梯。而日常的状态就是，通告上写着八点开工，其实有时六点不到就要到摄影棚给模特们化妆，做造型了。对自己要求颇严的我则更需要在凌晨四五点就起床打点好自己的造型——我始终觉得，如果自己的造型随便邋遢，又如何说服模特接受我的造型创意呢？至于报酬，辛苦一天的通告往往只有几百元而已，并且，这区区几百元很快又会转化成我化妆箱里的装备。这样的生活，一过就是几年，这段时间付出的体力、心力，让我明白任何光鲜的表象背后都隐藏着不为人知的坚持。不知是不是越挫越勇的性格使然，虽然又苦又累，但我对这份职业却有着无法被现实击退的巨大热情。虽然在那个时候，先生和父母都心疼我太累，可我自己知道，我一生从来都没有如此靠近过我的梦想。好几次拎着巨大的化妆箱在寒风中打不到车，欲哭无泪的时刻，在我的脑海中就会反复闪现留学期间藏着的那几本有藤原美智子专栏的杂志，前方的路就仿佛光芒万丈……

在业界站稳脚跟的几年后，一次偶然的工作机缘，我认识了已是超模的杜鹃，并有幸成为了她的御用造型师，在用心也用情的工作交往中，我和她成了彼此欣赏的朋友。于是，很快被杜鹃和张曼玉共同的经纪人介绍给张曼玉。类似的事情越来越频繁地发生在了有准备的我身上……

跃上荧屏的新挑战

2007 年，经品牌推荐，我有幸被人气美容美妆节目《美丽俏佳人》邀请，担任嘉宾老师。那一天也是我第一次见到静姐，从静姐给我的第一个录影机会到现在，十年一晃而过。

静姐于我，
十年的良师益友

　　由幕后工作转型至台前，伴随而来的，却是打击。怎么说呢，例如，从前我的工作只需将眼线画出来，并不用讲解。而美妆节目却需要我画出完美眼线的同时，还要对着镜头娓娓道来过程步骤。从来没有受过相关训练的我，不仅说得不生动，连发音也不过关，摄像老师总是让我声音高些，再高些。这对我来说实在有点难，生活中的我本来说话声音就很轻，上镜后更像蚊子嗡嗡嗡地叫。不过我一直认为万事开头难，努力学习一定会迎刃而解。为此我专门找到上海戏剧学院的台词老师给我上发声课，从啊的四声开始学发音。掌握发声要领后，出镜造型师的工作开始越做越有趣，我也成功地完成了从"平面"到"动态"的华丽转身，开始享受"淳子老师"的新身份啦。

未来在哪里？我一直在观望

不知道是身为摩羯座的务实本性，还是身为造型师的职业敏感，最近几年，我一直在观望整个化妆品市场，渐渐地，心中的一个念头越来越清晰——我想做属于我自己的美妆品牌。2013 年，JUNKO EYELASH 诞生了，这也可以说是我的第一个"宝宝"。想要创业的念头一出，我便开始马不停蹄地联系工厂，实地考察，研发产品，打样印刷，海报拍摄，说做就做向来是我的人生教条！值得高兴的是，JUNKO EYELASH 目前已经成为了国内领先的假睫毛品牌，并获得很多台湾、香港同行化妆师的认可，成为他们给明星们的"御用假睫毛"。此时，当你看到这本书的时候，与迪士尼

JUNKO EYELASH
实体店

的合作款 Disney 公主系列 JUNKO EYELASH 也已经上市，我的这个"宝宝"正在跨向更广阔的天地。

这么远，那么近

去年的一天，我在去日本出差的飞机上翻阅杂志，无意间翻到了曾经的偶像藤原美智子的专栏，我记忆里那个年轻靓丽的她，如今早已过了不惑之年，但她依然是日本顶级美妆大师，依然孜孜不倦地醉心于美妆工作和个人专栏。翻着翻着，我惊觉，眼泪不经意地掉了下来。依然记得，上一次读她的专栏，还是在日本留学时，那时的我，十九岁。将近二十年过去了，杂志上的她依然是我的偶像，但我此刻却觉得她不再那么遥远，转而多了一份亲切熟悉的感觉——因为，我觉得我离她很近，原来，我早就已经像她一样在精彩地生活了——这或许因为，在将近二十年的岁月中，我从未有一刻停止过朝我年少时的梦想前进。

岁月从未如此静好。我是淳子，我今年三十八岁，除了双胞胎妈妈这个新身份，我依然是造型师。我还在路上。

2016.7.8　夏威夷

02

要不要做妈妈，是一道美丽的选择题

做兼顾家庭与事业的"平衡妈妈"，我可以吗？

多年来，我从未想过生宝宝这件事。

虽然每天做着自己喜欢的工作，有满满的邀约、亲手创立的美妆品牌 JUNKO EYELASH，也有爱我的先生、疼我的家人，可以一起看世界的闺密，然而我却迟迟不敢迈出人生的下一步——生宝宝。

时尚圈造型师的收入不低，但收入的多少完全取决于给明星艺人们做了多少造型，以及在时尚媒体的工作量。以前的我常常困惑，想着一旦怀孕，就只能停下手头的所有工作。更糟糕的是，明星艺人的档期不等人！倘若一年后，我复出的时候，他们已经有了全新的合作造型师，那么我十年如一日的积累，就会受到影响。这些矛盾一直充斥在脑海里！我真的不想因为生宝宝而变成一个家庭主妇，彻底告别化妆师的梦想和好不容易打拼出来的事业。同时，三十六岁的我又无比渴望，想要做一个妈妈，一个能兼顾家庭与事业的好妈妈。

2014.1.27 新西兰

我被这个问题困扰了很多年，直到有一天，忽然意识到：欸，不对呀，现在的我除了一个造型师的身份，还有 JUNKO EYELASH 啊！这份小小的实业，已经为我提供了一个保障——即使为了生宝宝，暂别造型师这个身份一年半载，还是可以和我所热衷的时尚行业紧紧相连。

2013 年年底，先生和我在生宝宝这件事情上达成了一致！他也觉得过去的十多年里，我们两个人为了事业各自打拼，同时满世界旅行，享受生活，这样的二人世界很美好，但现在是时候进入下一个人生阶段了。

先生和我向来喜欢有计划的生活，拒绝"脚踩西瓜皮，滑到哪儿算哪儿"。既然决定生宝宝，我们立刻列出了最理想的怀孕时间段，为此，我也刻意逐渐减少了手边的工作邀约。在差不多半年的

在新西兰旅途中「收获」的婚纱照

时间里，一切计划都在有条不紊地执行着。

上天有时总是很温柔。2014 年年初，我和先生，还有闺密魔女赫本一起踏上了新西兰之旅。南半球的壮丽景色，将这段旅程衬托得格外浪漫，直到旅途结束，我也没有意识到这次与以往的"盛装旅行"有任何不同。但是，在回国后的第一次出差途中，我莫名地有种晕晕的、想吐的感觉。出于女人的第六感，我第一时间给魔女赫本打了电话。

魔女赫本和我心有灵犀，劈头就问："你是不是有啦？"

回上海后，我立即买了试纸，果然两条杠！说不出的情感一涌而上，惊喜来得太突然。更意外的是，我从第 18 周的孕检中得知，肚子里居然是一个"双黄蛋"！生孩子也能买一送一，真是太感谢老天，哦不，应该感谢龙凤胎爷爷的基因才是呢！

孕育生命的过程，是如此妙不可言

回想起怀孕那段时光，至今还是觉得妙不可言，原来生命的诞生和孕育，是那么不可预期，那么美妙，那么无与伦比。

因为是大龄产妇再加上双胞胎的关系，我属于"高危"人群。为了确保"双黄蛋"能在肚子里健康成长，怀孕后，我几乎完全停止了造型师的工作，也做好了暂别 JUNKO EYELASH 一年半的心理准备。可是怀孕六个月的时候，正好是 JUNKO EYELASH 2014 年的秋冬新品上市期。那个时候的我，肚子已经有单胎妈妈八个月那么大了，整个人臃肿不堪，行动不便。嗯，如果放弃这次新品上市宣传的话，也没有人会怪罪我吧……果然，在网络上做了一个小小的调研之后，收到的都是支持与祝福，每个人都觉得，在这样的非常时期，暂缓新品拍摄与推广是理所当然。但是，我却越来越愧疚，因为我不仅是K&V的妈妈，还是JUNKO EYELASH的创始人，所以理应对一起打拼的团队负有责任，对喜欢和支持JUNKO EYELASH的爱美女孩们负有责任。最后，我还是决定硬着头皮上。

就这样，我挺着六个多月的大肚子，完成了新款睫毛的设计与宣传片的拍摄。虽然形象照上的我胖了不少，但准妈妈的幸福感全都写在了脸上，反倒平添一层美满和温馨。那一次的新款睫毛，我们为它取名"天使款"，是献给未出生的两个小天使的礼物。后来，天使款成了JUNKO EYELASH创始以来最畅销的产品，真是感谢K&V带来的这份好运。

经过这件事，我发现，原来怀孕和事业根本不是一道选择题。我可以兼顾的。

怀孕八个月的时候，恰逢JUNKO EYELASH进驻上海各大商场实体店。当时，处于孕晚期的我，身体承受的压力非常大，脚肿得像猪蹄，说话略带喘气，肚子已经大如篮球，我只能借助轮椅进行站台宣传。新品发布的那一天，沪上知名主持人悉数到场，魔女赫本和赵阿姨推着轮椅，支持我完成了这场宣传。回想起来，特别感谢这群朋友，因为有了她们，我变成了一个更加坚强的妈妈。

就这样，一段孕期，我"生"下了三个宝宝——Kivi、Viki还有JUNKO EYELASH的天使款，完成了连自己都不敢相信的突破。

　　亲爱的，当你看到这本书时，小 K 小 V 已经快两岁了。回想自己最初的纠结，我承认曾经的想法过于偏激和消极，世界没有那么残酷，但当时那个年轻稚气、享受马不停蹄工作状态的我，确实被这些想法困扰了很久。人生就是这样，每个阶段都需要你去做出取舍。时光荏苒，故事还在继续……

2014.10.4　kivi、Viki 诞生啦！

Chapter 2

爱自己，

越孕越美

" 你相信女孩子可以'越怀孕，越美丽'吗？——我相信。"

01.

怀胎十月，美丽麻烦不断

　　微博上正能量满满的我，从来没有跟大家倾诉过孕早期的那些闹心事。其实，怀孕之后，皮肤与身体状况都变得有些糟糕，颈纹、水肿纷纷找上门来。然而这都还算"小儿科"，孕早期过后，本该过渡到最舒适的孕中期时，却被诊断出了妊娠期甲亢及肝功能受损。当时听到医生说得那么恐怖，真的被吓傻了，甚至以为会失去 K&V！于是，我的整个孕中期，都严格按照医嘱随访，精准控制饮食，连食用盐都特意换成无碘的，每天都像在备战，一刻也不敢懈怠。每次产检，等指标出来，都仿佛是在等待高考分数的学生，又紧张又恐惧。还好，妊娠期甲亢有别于普通甲亢，随着孕期的自然推进，我的指标也终于渐渐好转，渐渐趋于正常。心里的大石头这才落了地。

　　挺过了重重困难，终于可以松一口气了？

　　事实是并没有！孕晚期，我的体重飙到了 75 千克，脚肿成猪蹄，肚子大到躺不下身，每晚只能坐在沙发上靠看视频熬过一分一秒。那段时间用"度日如年"来形容毫不夸张。当然大家千万不要被我讲的吓到，作为高龄产妇加双胞胎妈妈，我所要面临的风险和

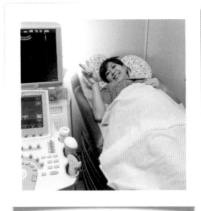
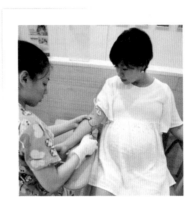

定期产检，一次比一次更期待与K&V见面

考验，自然大得多。不过，虽然孕期的我经历了足足九九八十一难，但依然还是觉得自己挺幸运的——Kivi 和 Viki 姐妹俩，分别以 2.8 千克和 2.6 千克的健康婴儿标准体重，顺利来到这个世界上。那一刻真的觉得所有的辛苦都值得！

你相信女孩子可以"越怀孕，越美丽"吗？我相信。

亲身经历了如此辛苦的孕期，我可以负责任地告诉大家，我们完全没必要因为怀孕，就放弃自己对美的要求，美名其曰"为宝宝健康而牺牲美丽"实在没有根据。

经历了这十月怀胎，我更加相信，怀孕是只有女人才能享受到的一次特别又珍贵的人生经历。答应我，和你身边的人一起，快乐地度过它，好吗？

与最爱的人一起，吃得健康，穿得漂亮，拒绝邋遢，以满满的正能量证明我们可以"越怀孕，越美丽"。

亲爱的，虽然怀孕没有我想象的那么顺利，但是，你看，我这个双胞胎高龄妈妈都可以做到，你一定可以！

2014.8.9 幸福的"带球"生活

02.

护肤七字诀，赶走孕期痘痘、干燥和色斑

护肤是我们一生的课题。

尤其到了孕期，因为雌性激素变化异常以及孕激素的参与，一些以前没有遇到过的皮肤问题，也会"跑来添乱"，痘痘、干燥、色斑，统统不请自来。不过，别担心，只要了解自己肌肤变化的原因，就能找到对策哟！

在孕期，我几乎没有改变以往的护肤程序，当肌肤状况出现变化时，我只是有针对性地调整了护肤品。很快，我就从痘痘、干燥、长斑的苦恼中解脱出来了。秘密？我有一个七字诀送给你——保湿防晒加裸妆。

痘痘来添乱？

很幸运，孕期的我没有长痘痘的经历，但身边的很多准妈妈朋友都有。她们常常会心急火燎地找到我，焦急地问："平时很少长痘的，一怀孕却成了现在这样，怎么办？非常时期，又不敢随便用祛

痘产品！"每次听到这种问题，我都叫她们不要担心。

孕期痘痘问题，大部分都是由于准妈妈的内分泌失调引起的。因为我们分泌过旺的油脂会和灰尘一起，阻塞毛孔。首先，保持一个良好的生活习惯是准妈妈解决痘痘问题的第一步！足够的睡眠与清淡的饮食都能改善痘痘问题。而肌肤"清洁"与"保湿"则是至关重要的两个步骤。另外，尤其是在夏天，避免阳光对肌肤的直接照射，也能使痘痘问题有所改善。

小淳对策

放松心情，早晚做好温和的清洁工作，使用帮助水油平衡的保湿产品。让肌肤水分充盈，肌肤本身就不需要再分泌油脂来解决干燥问题了。水油平衡了，就不容易长痘痘了。

小淳之选 芙丽芳丝（freeplus）净润洗面霜

这款敏感肌肤也能用的近零刺激洗面产品是丰润温和的霜状质地，特别适合因为怀孕而变得状况多多的皮肤。各位孕妈妈记住，洗得干净但不要洗得干燥哦。

2006 年，我开始与芙丽芳丝（freeplus）合作《淳心淳语》专栏，除了收获自我提升外，更美妙的是，我也因此与这个温和纯净的品牌成为了好朋友。十年过去了，除了我的肌肤受到芙丽芳丝（freeplus）无微不至的关怀之外，我们也在一起成长、一起学习。因此，她对我而言，与其说是一款喜欢的产品，不如说是一个老朋友。正逢新书问世，老朋友"义气相挺"，为每一位读者送上了我始终钟爱的芙丽芳丝净润洗面霜，答谢你们的厚爱，也期望与你们成为朋友。所以我想将这位十年好友正式介绍给大家。

高龄产妇特别容易遭遇孕期干燥

防止肌肤干燥，是爱美准妈妈的必修课，重要程度五颗星！

因为孕期雌性激素不平衡，皮肤容易受影响，我因此饱受干燥之苦。

作为一名高龄妈妈，原本我的肌肤就比较干燥，孕期更是出现了干痒、蜕皮等症状。因此，在保湿方面我额外加大了力度，来确保肌肤处于润泽状态。要知道，一旦基底细胞水分充盈排列整齐，那么乱七八糟的肌肤问题就"无机可乘"啦。

小淳对策

每天晚上睡前我会特别添加润泽度更高的面霜，帮助更好地锁住水分。不过，抗衰老以及提亮肤色（美白）的功能性产品我都停用了。平时习惯用美白产品的妈妈一定要注意哦，很多美白产品中含有果酸、水杨酸等渗入性很强的成分，可能会对宝宝产生一定影响。总的来说，针对肌肤在孕期干燥的状况，你可以添置一款更为丰润的保湿产品和一款滋润面膜。

小淳之选 保湿面霜▶香奈儿（Chanel）10号乳液

我的孕期几乎在夏季，所以早上我用的是质地较为轻薄的保湿乳液。在孕期，我其实并没有换掉所有的护肤品，比如一直在用的香奈儿10号乳液。它质地轻柔，用起来很舒服，也缓解了因为干燥引起的紧绷和刺痒感。

面膜是好多明星的最爱，李晨曾经说过，私下里他简直没有见过范冰冰不敷面膜的样子！的确，面膜是能在短时间内迅速改变肌肤水分状态的神器，同时也是让有效护肤成分集中被吸收的好帮手。所以，不管孕前孕后，我始终没有停止过敷面膜这件事。不过，在孕期面膜的选择上，建议大家使用单纯的保湿、补水和清洁类面膜，避免不必要的刺激。总之，孕期护肤，少刺激，主打温和牌就对了！另外，孕妈妈要尽量避免使用精油类产品哦！

小淳之选 润泽面膜▶肌美精面膜

这款面膜，从我第一次使用至今，已经快十年了。无论孕前还是孕后，它都带给我足够的滋润度，让我的肌肤安心舒适。

哈，我这么黑也会长斑？

没有认真做好防晒措施的准妈妈，可能会发现自己比平时更容易被晒出斑，这不意外，准妈妈的雌激素水平比平时高，黑色素沉淀的概率也会跟着增加。而一旦怀孕，很多准妈妈会自动停掉防晒步骤，自然就两颊"斑驳"啦。所以呀，孕期的防晒，比平时更重要哦！

小淳对策

选用对肌肤几乎没有渗透力的物理性防晒品，虽然质地可能稍微厚重一些，但是可以放心使用，不会对宝宝有影响哦。

小淳之选 芙丽芳丝（freeplus）防晒隔离美容液

这款防晒霜质地清爽、舒适、不油腻，完全无厚重感，能保护肌肤不受紫外线、空气污染带来的伤害，帮助准妈妈有效预防晒斑的形成。

03.

找对方法，让我们一起绕开妊娠纹

　　说到孕期的身体护理，妊娠纹的预防绝对是重中之重，也是很多准妈妈非常担心的问题。毕竟，谁也不想生完宝宝还附赠一个"西瓜肚"！

　　高龄产妇＋双胞胎妈妈的双重属性，让我特别怕妊娠纹！所以，我从怀孕两个月的时候，已经开始迫不及待地涂抹防妊娠纹油。无论如何，我都坚持每天两次，从肚子延展到臀部，包括大腿内外侧，涂上厚厚一层 Bio-Oil（澳洲生物油），并配合按摩手法让肌肤充分吸收。就这样，我在八个月里用掉了整整五大瓶！虽说妊娠纹的产生和遗传有一定关系，但我相信用心呵护的肌肤状态和听之任之的肌肤状态一定会有天壤之别。何其幸运，生下 K&V 后，我这个肚子大如篮球的双胞胎妈妈可以大声告诉你们，真的没有纹哦！怕纹的姑娘们，是不是有点信心啦？

小淳之选 Bio-Oil（澳洲生物油）

孕期每天的功课之一，一天两次。

04.

别扔掉你的化妆包！

现在的很多年轻准妈妈已经意识到了孕期护肤的重要性，但对于孕期能不能化妆，仍然有不少人抱着怀疑的态度。其实，关于这个疑惑，我们看看那些挺着大肚子，却依然站在舞台上的艺人们就知道了！事实上，偶尔化化妆是不会影响胎儿的正常发育和健康的，不过选安全的产品很重要哦！其实，适当的淡妆反而可以令你看起来神采奕奕，面对大家的赞美，心情也会更加美丽呢！那么，最关键的来了，孕期彩妆怎么选呢？小淳的孕妈彩妆课堂时间到了。

底妆篇

底妆是决定你气色的关键。孕妈在底妆选择上应该尽可能选择成分简单、天然的化妆品，比如一些药妆品牌的 BB 霜、CC 霜就是不错的底妆代替品，既可以调整肤色，又轻薄透气，甚至还兼具防晒功效。

眼唇篇

孕期的眼妆部分，我会刻意弱化一些。通常只会画上一条美睫线加JUNKO EYELASH的假睫毛，省去了眼影和睫毛膏的步骤，卸妆也会更方便一些。准妈妈需要特别注意的是唇妆，如果涂了口红，在进食之前一定要先用纸巾擦掉哦！

小淳之选 Junko Eyelash No.7 甜心款假睫毛

自然、隐形、舒适、柔软，所以美美的孕期妆依然拜托它啦！

卸妆篇

关于卸妆这件事，很多女性常常忽略。要知道，大多数洗面奶是没有卸妆功能的，然而无论多淡的妆，哪怕只是涂了防晒品，也一样要卸妆！准妈妈更要重视卸妆这件事，因为除了清洁问题，还关系到孕期长痘这件事——在晚上肌肤需要呼吸的时刻，如果没有彻底卸妆，那么被堵塞的毛孔当然会蹦出痘痘来提出抗议啦。另外值得留意的是，孕期肌肤会变得脆弱敏感，所以尽量避免去油力太强的产品，转而选用温和不刺激的乳霜类或者水类卸妆品。正确的使用方式，是用足够量的卸妆乳／霜，轻柔按摩脸部肌肤，然后再用流水冲洗干净。或者，用化妆棉浸透卸妆水，敷在需要卸妆的部位，然后再轻柔拭去。记住，任何大力拉扯肌肤的动作都不要有哦！

孕期心情，越妆越美

05.

扬长避短，盛装美孕

我一直觉得，人生的每一个阶段都应该接受不同时期的自己。既然怀孕了，也应该尽可能地让外表更精神一点，让生活更精致一些。而在怀孕期间，准妈妈更应该精心搭配，用服饰来扬长避短，避免孕期变得"肥美肥美"的哟！

我至今还记得，办公室有个同事，怀孕期间一如既往地保持着优雅和美丽。每天 A 字裙、棉打底裤轮流换。感觉她除了肚子变大之外，其他都没有变化。看着她从怀孕到生产，我就在想，等有一天我怀孕了，也要和她一样，做一个赏心悦目的准妈妈。作为造型师，我想说，保持美丽是一项终身事业，怀孕也只是漫长人生中的特殊阶段，女人不该也没有必要为了这怀胎的十个月，打破原本的美丽节奏，因为这两件事情根本就不冲突嘛！

虽然每一位准妈妈的肤色、气质各不相同，但在这样一个特殊时期，我们都有一个圆滚滚的大肚子不是吗？所以身为造型师妈妈，小淳从专业角度结合个人孕期感受，给大家带来一些着装、搭配、美容和美妆的建议，"盛装美孕"你也可以哟！

巧配色，好气色

我在《盛装旅行》里强调过，穿衣服，首先看颜色，其次看款式。一件衣服穿在身上，首先入眼的，一定是颜色。准妈妈也同样需要注意颜色的搭配哦！

配色和气色是一对"双胞胎姐妹"，准妈妈气色不好的时候，衣服的颜色可以起到绝佳的修饰作用。无论从个人经验还是专业角度，我会特意强调用色彩来提升气色和心情。因此，怀孕期间不妨收起衣柜里的黑白灰，大胆选择糖果色或者马卡龙色来修饰脸色、调整心情吧——比如柠檬黄、苹果绿、珊瑚红。这些颜色靓丽跳跃，让人的心情也忍不住跟着明亮起来呢！

小淳妈妈 TIPS

- 偏黄肤色选择橙橘色调、暖色系。
- 偏白肤色选择蓝绿色调、冷色系。
- 较深肤色选择艳丽的荧光色系反而效果很出彩哦。

选对型，遮肚肚

我的孕期在夏末秋初，所以，在服装版型上较多选择了 A 版连衣裙，这种版型的连衣裙可以很好地遮住准妈妈日渐粗圆的腰部和大腿，而且完全没有束缚的 A 字裙对日益隆起的腹部不会产生压迫，可以从孕中期一直穿到生产呢！面料方面，以柔软、吸汗的棉麻质地为主。孕期皮肤变得敏感，应该注意避免化纤面料。另外，适当地露出纤瘦部位，也可以转移和吸引视线，起到扬长避短的作用。如果你的孕期在冬天，可以尝试特大号的大衣哦。尽量避免胸前布满修饰的衣型，否则的话，一坨繁复的装饰"堆"在准妈妈圆圆的肚子上是什么效果，大家可以想象一下。

关于孕妇服装：

和我们以往想象的孕妇装总是又肥又丑不同，现在不少品牌推出了兼具时尚度和舒适度的孕妇装。例如盖璞（GAP）之类的快消时尚品牌，款式时髦，面料天然，性价比高，"卸货"之后扔掉也不心疼。

小淳妈妈 TIPS

- 面料：棉、麻、丝等天然材质。
- 款式：A 型连衣裙、特大号廓形大衣、男朋友风格、茧型大衣、柔软的针织开衫、有弹力的棉质打底裤。

穿对鞋，舒适走

除了孕期的服饰穿搭，选对鞋子对孕妈妈来说也非常重要。高跟鞋是肯定不能穿了，足部的压迫会让脚部水肿加重，影响血液循环。而且挺着大肚子走路时，准妈妈为了保持身体平衡，脊柱弯曲度会增加，这时，再穿高跟鞋无疑是雪上加霜，会导致腰酸背痛。

在孕期，轻巧的平底鞋是首选。其实平底鞋的种类很多，对不便弯腰的准妈妈来说，软底的、不用鞋带的"一脚蹬"型是最合适的。另外，记得到了孕晚期要选择稍大一码的，才能塞进水肿的双足哦！

小淳妈妈TIPS

* 孕妇优选：平底、软底、软帮、宽版型、尽量避免系鞋带的款式。
* 避免材质：PU 革。不透气的 PU 革材质的鞋子对容易肿胀的孕期双足来说要尽量避免。

"豆豆鞋"，
陪伴我度过了整个孕期

一头秀发只能清汤挂面或一剪了之？

大家有没有这样的经历？

去沙龙换了个发型出来，整个人气质全变了。没错，发型是我们整体造型的点睛之笔！在怀孕期间，为了宝宝的健康，美发造型受到了限制，从而很多准妈妈都选择了毫无女性韵味的超短发。事实上，巧用发饰，我们依然可以"盛妆美孕"哦！

染发按下暂停键

不少朋友们问我，怀孕期间能不能染发——的确不建议染。因为染发剂里都含有酚类化合物、苯二胺等氧化剂，虽然目前并没有临床实验证明染发剂影响胎儿发育，但是还是建议孕妇尽量不要接触这些化学物质。

巧用发饰换造型

关于怀孕发型,不能烫、不能染了,就只能清汤挂面,或者干脆一剪了之吗?其实,选用一些漂亮的发饰,也能让你的发型焕然一新哦!

卖萌神器——发带篇

小淳美发
小课堂

让小 K、小 V 的干妈——魔女赫本家的发箍与发饰来解救你吧！（你只需要准备好造型喷雾、发带、卡子和定型水。）

挑选适合头型，与衣服相配的发带。

为头发喷一些哑光造型喷雾，让头发呈现不油腻、蓬松的效果。

选择 U 形夹和黑色发夹同时固定。

戴好发带。如果有染发色差的话，刚好可以用来遮住两种发色的交叉线。

用发夹固定好发带，一般是卡在后脑勺下方，两边各卡一个。最后记得把小卡子藏进头发里哦！

喷上定型水，固定整体发型。

小淳妈妈 TIPS

吹风机在打开的一瞬间，辐射是最大的，建议准妈妈远离自己打开吹风机，吹一会儿再使用！

励医生的美孕"小诊室"

上海美华医院产科医生：
励萍（副主任医师）

问：怀孕可以涂口红吗？

答：孕妇不宜常涂口红，这是因为口红是由油脂、蜡质、颜料和香料等多种化学成分组成的，其含有的羊毛脂是具有较强吸附性的物质，可将空气中的尘埃、细菌、病毒及一些重金属离子吸附在嘴唇黏膜上，喝水、吃东西时容易将这些有害物质带进人体，影响胎儿健康。有些专为孕妇设计的口红，虽然采用了天然无毒的物质，但是当喝水、进食前还是最好清理干净。在嘴唇干燥的时候，蜂蜜、橄榄油、甘油都可以用来代替润唇膏，无毒而且效果很好。另外，到医院检查时最好不要涂口红，因为医生需要观察嘴唇的真实颜色来判断孕妇的身体状况。

问：孕晚期脚肿该怎么处理？

答：孕妇在孕晚期容易出现双侧下肢水肿，这是由于血清蛋白偏低，水分容易外渗到组织间隙，加上不断增大的妊娠子宫的压迫，导致下肢静脉压增高造成的。因此每天一定要保证食入畜、禽、肉、鱼、虾、蛋、奶等动物类食物及豆类食物，确保进食足够量的优质蛋白；还要进食足量的蔬菜水果，提高机体抵抗力，加强新陈代谢。不要久坐不动，不要吃过咸的食物，睡前 1~2 小时控制水分的摄入，以防止水肿加重。夜晚睡觉时可以把双侧下肢垫高一点，以利于下肢血液回流，减轻水肿。如果水肿不消退，或者伴有头晕、头痛、眼花、中上腹痛等症状则需要立即就医，防止发生妊娠期高血压并发症。

问：孕期脱发怎么办？

答：女性头发的更新与体内雌激素水平有密切关系。怀孕期间有些妈妈体内激素水平发生变化，因而有可能掉发。孕期应该选择适合自己发质且性质比较温和的洗发水，按摩头皮来促进头部血液循环，尽量不要烫发及染发，以免这些化学物质损伤头皮。另外怀孕期间抑郁、情绪低迷也是掉发的重要原因。孕期脱发是怀孕期间的正常现象，生完孩子身体内分泌恢复正常之后，头发也会渐渐恢复到以前的状态，请孕妈们不必焦虑。

问：孕期可以美甲吗？

答：指甲油中多含挥发性的化学溶剂苯，频繁使用的话，很可能在体内累积而引起慢性中毒。而且在涂指甲油的过程中，还有可能经由鼻子吸入、皮肤接触到这些化学成分，从而对身体造成伤害。另外，苯化合物已经被世界卫生组织确定为强烈致癌物质，所以医生建议，孕期和哺乳期的妈妈最好不要用指甲油。

03

拍孕照可以是一件温馨又好玩的事

对于准妈妈来说，孕照是妈妈和宝宝的第一次合影，意义非凡。

所以，我们都愿意在孕照这件事情上花心思，用心搜索去哪儿拍，穿什么，怎么摆姿势。身边的准妈妈，大部分都选择商业摄影工作室，它们有一套完整的流水线，可以让准妈妈在最短时间里获得服装、造型、拍摄兼后期的一条龙服务。可是，"流水线孕照"拍出来，大家的照片摆在一起简直分不清谁是谁。这时才恍然大悟，原来这些都是"套路"！

小淳来给大家提供一个别样思路好了：不妨试试让亲人与好友用手机为你拍摄，在他们的陪伴下，用更自然的方式记录下最真实的生活状态。这才是专属于你的独一无二的孕期照片嘛！在《盛装旅行》中我曾说过，最爱你的人，才能把你拍得最美。

孕照最优拍摄时间段

怀孕三五个月的准妈妈，肚子还不太显怀，那时拍出来的照片只会给人"发福"的错觉。到了九个月的孕晚期，身材彻底变形，脚肿得难以走路，动一动都困难，别提拍照了。而怀孕七八个月的阶段，准妈妈的精神状态和腹部线条都处于最佳状态，拍出美美孕照的概率会大大提高。

至于我，在怀孕六个月的时候，肚子已经达到单胎妈妈八个月的弧度。我担心等到 K&V 八个月时，我的肚子会大到走不动路，照照镜子，确实是时候拍了。后来，事实证明我果然有先见之明。

孕照怎么拍？

回想起来，K&V 在肚子里六个月的时候，恰逢人间六月天。我的妊娠期甲亢，还有其他各项孕检指标，也在那个时候逐渐恢复到了正常水平。心里的大石头终于落下，我开心得每天都想高唱一遍《欢乐颂》。

心情一好，我这颗热爱旅游的心又按捺不住了。

因为当时肚子已经挺大，不方便长途旅行，所以，我们的目的地定在车程两小时的苏州，待两天一夜。我和先生、闺密魔女赫本还有赵阿姨一家就这样唱着歌儿、开着小车出发了。

除了旅行，我还存了一个小心机——孕期难得出门，特意在这

2014.6.8 苏州

如何拍摄孕照？

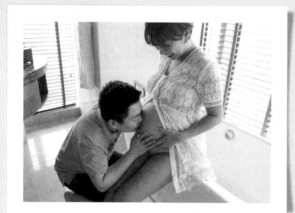

个"孕味刚好"的时间点远足，可以趁机拍孕照。

我们选的是一家度假酒店，在太湖边上，环境清幽，阳光正好。进去之后，我四处张望了一下，洗手间连接着卧室，足足有十五平方米，宽敞，通体洁白，有落地窗，窗帘是百叶式的，光线明亮而有层次感——造型师的职业敏感告诉我，理想的孕照拍摄地就是这里！

果然，第二天太阳还没完全升起，整个洗手间已经被照亮，这样的采光正好是我想要的。要知道，一天之中最适合拍照的时间点就是光线柔和的七八点，这一段晨间时光会令肤色匀亮柔美，仿佛自带滤镜。于是，我立即起床，赶在最佳时刻到来之前，为自己化了一个美美的妆，DIY孕照就这么开始了！

顺便说一下，光线最适合拍照的时间点一天有两个，第二个是在下午五六点太阳落山时哦！

孕照穿什么拍？

我的孕照，没有特意选择一些装饰过度的奇装异服，在好友lulu的建议下，我选了一件简单却不失细节的白色蕾丝连衣裙，既凸显造型感，也不失生活感。在我眼里，孕照应该是孕期真实状态的自然流露，而不是刻意的摆拍。

孕照风格怎么抓?

既然定下了孕照拍摄风格是做自己，那么那一刻我就开始彻底放松，做我每天在家里会做的事：时而站在秤上看看夸张的体重，时而坐在浴缸边抚摩肚子里的宝宝们，时而邀请老公隔着肚皮亲吻他的一双小情人。与此同时，我也照常和老公、闺密们聊天，唯一和平时不同的，是那一刻，他们都举着手机，从不同角度帮我拍下孕期最美的样子。就这样，我们没有选用专业的摄影器材，只是用了两部手机。但是，抓住的却全是最原生态准妈妈的笑容，整个过程温馨而轻松，大家围在一起边拍边说笑。日后回忆起来，那天从百叶窗射进来的光都是温暖的、带笑的。

此外，除了那次特意准备的孕照拍摄，出于造型师的敏感，在生活中，我也会随时用手机记录孕期的一些小小惊喜和变化。比如，K&V爸爸是个很有趣的人，经常逮到机会就"欺负"我，他会趁我睡着，拿我化妆包里的眼线笔，在我肚子上挥笔作画。

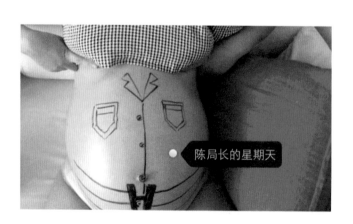

终于逮住爸爸欺负妈妈的证据了

陈局长的星期天

　　就这样，生活中发生的这些点点滴滴的小美好：一个小互动，一盘小菜，一起逛街买回来的亲子拖鞋，统统用影像等方式记录下来，不放过任何小细节。这样的孕期，每一天都是值得纪念的节日。所以，回看孕期，我留下的所有照片都带着满满的温馨回忆。每次拿出来回味和分享，都能讲出故事，笑个不停，在笑声中更加庆幸和珍惜——我们彼此有缘，成为对方生命里最重要的部分。

　　所以亲爱的，其实孕照拍摄并没有那么复杂，不用劳心费力，刻意折腾自己。就把它当成一段回忆、一个纪念吧，纪念我们人生很难再有的一段时光。在家人和朋友的见证下，DIY 一套独一无二的孕照。多年之后，孩子们都长大了，你翻开旧相册，看到自己大肚子的模样，回想起它们背后零零碎碎的小插曲，莞尔一笑。人生的美，不就美在这样的瞬间吗？

　　美好的时光总是过得飞快。不久的将来，小 K、小 V 懂事了，我会和她们，还有先生、魔女赫本、赵阿姨一起回看这些温馨而美好的孕照，然后告诉 K&V——那时的妈妈，胖得像一只熊猫，装着她们俩的肚子圆滚滚的，爸爸特别喜欢玩"这个大篮球"，动不动就趁机"欺负"妈妈。到时候，也想告诉她们，虽然怀孕过程很辛苦，但是因为身边有看似欺负、实则疼爱妈妈的爸爸；"臭味相投"、互相关心、要好到如若一人的闺密们，我收获的幸福也不少。也会告诉她们，这些美美的、充满着幸福味道的孕照，都是妈妈生命中最重要的人拍的，我们所有人，都会倾其所能让你们永远生活在满满的爱里。

小淳妈妈 TIPS

· 孕照最优拍摄时间段：单胎妈妈七八个月时最好，双胞胎妈妈可能要稍早些，肚子的弧度和单胎妈妈七八个月时差不多大就可以拍啦！

合体254天

远离负面信息，多和正能量的人在一起

聊了很多关于孕期美丽的话题之后，小淳想说，其实，准妈妈的心态也很重要哦！

准妈妈处在人生的特殊时期，敏感脆弱，负能量对她们而言，就像是一颗连碰也不能碰的定时炸弹。

在我怀孕六个月时，曾经去看过一场电影，原本是想放松一下。但从影院回家的路上，遇到一个熟人，她神色惊慌地拉住我说："哎呀，你怎么能去电影院？里面音响声音那么大，小宝宝生出来耳朵会聋掉的！"说着，她掏出手机搜索相关信息，念给我听，什么孕妇看电影会导致胎儿失聪，听得我大脑发懵，一片空白，冲回家打开电脑，不停地搜索"看电影""孕妇""失聪"等关键词，结果出来铺天盖地密密妈妈的所谓专家言论，看得我整晚失眠……

当然，K&V出生后，听力指标一切正常。所以，我想对各位准妈妈说，远离负面网评，让健康如影随形。

进入孕后期，双胞胎给我带来的身体负荷越来越重，随便说两句话，就会喘得上气不接下气。先生看在眼里，默默买了一台家用的吸氧机回家。呼吸顺畅了没多久，我又在网络上看到一则报道：

孕妇用了吸氧机，新生儿出生后眼睛会失明！这一次，我没有盲目相信网络，而是把在网络上看到的关于吸氧机的传闻，截图传给励医生。她回复我：出生时体重不足的新生儿，在暖房里使用吸氧机，由于机器没有调整好，导致婴儿失明，这样的极小概率事故的确发生过，但是和孕妇吸氧八竿子打不着。所以，这完完全全又是一起乌龙事件！

类似不真实的负面信息，自从我怀孕之后，无论用什么方法去抵御，它们总能从角落里钻出来，钻进我的耳朵，扰乱我的生活节奏，把我折磨得心烦意乱。不知为什么，我还总忍不住不停地去看，无法自拔。患得患失一段时间后，我学着努力克服好奇，不再看网络传闻，转而听医生和专家的建议，才终于渐渐驱走负能量，孕期也因此顺利和愉悦了许多。

大多数准妈妈都是孕早期一过，确定了胎儿着床，便会向亲朋好友宣布好消息。这原本是每位准妈妈都应该享受的"幸福一刻"，到了我这儿，却变成了奢望。

在怀孕第十二周的时候，产检报告显示，我甲状腺指标超标，这是妊娠期甲亢的征兆！你知道我当时什么感觉吗？——崩溃，担心，恐惧，五味杂陈。我担心宝宝的健康，担心自己也会一并倒下……

还好有老公、魔女赫本和赵阿姨在。他们时时刻刻陪伴着我，督促我积极面对不良反应，调整自己的心态，配合医生随访。这段时间，每一次的产检，我都像在经历高考，检查报告出来的那一刻，心情永远像拿到成绩单一样，忐忑，期待，紧张，又带着一丝害怕，心里在不断祈祷好运。

这些时刻，多亏了家人与朋友的安慰："别担心，妊娠期甲亢换句话说，不就是阶段性甲亢嘛，会过去的，有我们在呢，一定没问题的！"这些每天按时按量喂进我嘴里的定心丸，被我吸收之后，成了帮助我挺过孕期一切困难的最坚强的力量。

后来，就这样慢慢地指标正常了，什么孕期疑难杂症都好了。我们的生活渐渐步入正轨，一切就像我在上一篇里写的那样：与家人和闺密一起，开开心心自驾去苏州，边旅行边拍孕照，美好又明媚！

亲爱的准妈妈们，如果你现在正在被莫名其妙的谣言困扰，为突如其来的孕症烦恼，我想告诉你，这一切都没有必要。孕期的不良症状大都会随着胎儿的稳定自行消失。放宽心，听从医生的建议慢慢都会好转的。孕期是每一个准妈妈必经的旅程，你可以选择提心吊胆地度过，也可以选择愉快地度过。所以，为什么不选择后者，一家人和谐快乐、安安心心、踏踏实实，一起享受生命中这无比难得的十个月呢？

所以，无视那些没有依据的负能量信息吧！

加油！

致先生：

每一次产检，K&V 爸爸从不缺席；为了保证我每天的运动量，

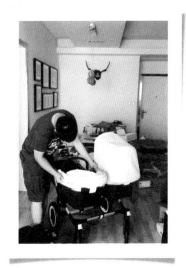

爸爸正在亲手为K&V组装婴儿车

生产前夕，爸爸还在为我做"大保健"

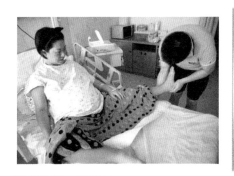

他每天下班后，无论多累都坚持陪我散步。我们一起逛婴儿超市，一起准备奶瓶、尿布、婴儿推车。在孕后期，我的脚肿成了猪蹄，他每天下班后的第一件事，就是给我捏脚；看我喘得厉害，又连忙买来家用吸氧机……总之，先生为了他的两个前世小情人的顺利到来，付出的辛苦不亚于我。

致家人：

在孕后期，爸爸不忍心看我的脚肿得连鞋都穿不上，隔三岔五前来看望我，帮我捏脚；公婆则为我烹饪美味。爸爸妈妈公公婆婆联手给予的关怀和爱护，包裹着我度过了整个孕期。沐浴在家的温暖中，就算脚肿得厉害，肚子大得像球，说话喘得上气不接下气，我依然觉得无比幸福！

致闺密：

魔女赫本和我，要好到连网友都会觉得我们是连体双胞胎，我的《盛装旅行》有她，这本书里有她，生命的每一个阶段都有她。在苏州拍孕照的时候，我们途经的洗手间是蹲式的，我没有别的选择。结果，意料中的意外发生了，肚子里装着六个月的 K&V 的我站不起来，尴尬和着急中，我第一反应就是大声叫："Helen 快来！"当时，魔女赫本正在外面等我，听到我的呼叫后，进门扶我，无微不至。后来，10 月 4 日生产当天，魔女赫本早早赶到医院，守护和等待那个最重要的时刻。如今，她是小 K 小 V 最喜欢、最依赖的"妈咪"。

亲爱的准妈妈们，我想要告诉你们，追求幸福这件事，自己一个人再努力都难免孤单。幸福，有了家人和朋友的共同参与，才会始终温暖。所以，让我们跟那些陪在身边，给予我们无微不至关怀的家人和闺密们，道一声最真诚的感谢吧！

小淳妈妈

- 正能量是最好的药。
- 少上网，多读书，远离负面资讯。
- 选择正能量的人做朋友。
- 有问题及时和医生沟通，对症下药，
  对自己负责。

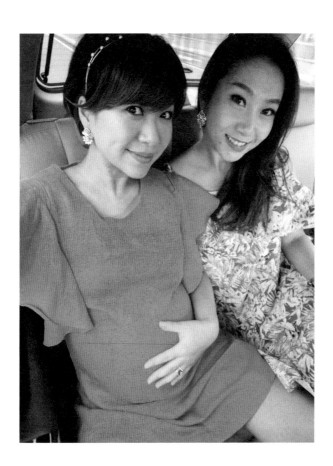

最好的我们

怀孕别怕，继续辣

↑ 沾沾 "孕" 气

附：产科医生的健康美孕小百科

准妈妈的肚子里第一次有宝宝，因为没有经验，难免每天如坐针毡，生怕哪里吃错了、做错了、疏忽了，给宝宝带来伤害。年轻又单胎的妈妈尚且如此，更别提像我这样的既高龄又双胞胎的准妈妈。还记得我提到过的，看电影那件事吗？最后我通过微信询问了励医生，才安下心来。

上一本书《盛装旅行》的发布会前夜，是小 K 小 V29 周 +2 天的日子，晚上九点多，我突然感觉自己跟平时不太一样，肚子硬邦邦的，走路无力。试纸测出来，看起来像是羊水破了，先生紧张得不得了，立刻给励医生打电话。电话里，励医生反复宽慰我："即使早产了，宝宝生下来也已经有 2000 多克，各方面指标已经健全，不会有危险的。"

励医生一边稳定我的情绪，一边安排我迅速赶到医院，她也会在半小时内抵达。

我和先生抵达医院的时候，护士已经准备好轮椅，站在门口等我们了，励医生也在手术室里做好了一切接生准备。在她的照料下，我忐忑的恐惧的心渐渐平静了下来。励医生很快确诊不是羊水破了，而是假性宫缩，一切有惊无险。

如果你去过励医生的办公室，你会发现，她的办公桌上，总会有新妈妈送来的鲜花和感谢卡；办公室的墙壁上，贴满了她接生过的小宝贝的照片。我能感觉到，她是真的热爱产科医生这份神圣的职业，医患关系在她眼里是一种难得的美好缘分吧。

怀胎十月，总有层出不穷的问题困扰着我，这些问题经常把我吓得寝食难安，是励医生一次又一次地解答拯救了我。现在，我把曾经困惑我的问题分享给大家，希望能对正挺着大肚子的你，也有所帮助。

我与我的产科医生励医生

健康美孕小课堂

问：孕妇尽可能地多吃，大补特补对宝宝真的有益处吗？

答：很多传统观念里的"孕妇守则"，比如孕妇应该大补特补、多吃这种老观念，已经被现代医学否定了。孕妇要做的不是多吃，而是营养均衡地吃。

例如，孕前体重指数（BMI）＝孕前体重（千克）÷身高（米）的平方。比如你孕前是48厘米，159厘米，所以你的BMI是48÷（1.59×1.59），即18.9，属于标准体重。如果你是单胎妈妈，孕期整体的体重增长最好在11.5~16千克之间。

问：准妈妈能玩手机或者平板电脑等电子类产品吗？

答：目前市面上的电子产品辐射量都是经过检测的，对人体的危害都在安全值以内，所以可以忽略不计。但准妈妈相对特殊，还是建议一天之中不要使用电子产品超过两小时。另外，久坐会影响孕妇下肢血液循环，加重下肢水肿，导致下肢静脉曲张，因此坐在座位上每到一小时应该起身运动一会儿，也让眼睛休息一下再玩哦。

问：准妈妈一定需要穿辐射衣吗？

答：防辐射服、防辐射眼镜等"孕妇防护装备"虽然没有太大用处，但如果想求得心理上的安全感，准妈妈穿穿也无妨。保持轻松、愉快的心情也能促进孕妇和胎儿的健康。

问：孕期补钙有多重要？

答：孕妇从怀孕 20 周以后一直到哺乳期，都需要持续不断地补钙。孕妇对钙的需求量一般是每天 1200~2000 毫克。20 周以后，宝宝生长加速，骨骼和血管开始发育和舒张。保证钙的足量摄入，对妊娠期高血压有一定的预防作用，也可以有效防止准妈妈的骨质疏松。

问：叶酸要什么时候吃？吃多少？

答：孕妇在整个孕期都是需要吃叶酸，头三个月补的量需多一些，单胎妈妈每天需补 0.4 毫克，而双胞胎和高龄妈妈则要适当加量。淳子当时每天的叶酸摄入量在 4~5 毫克；胖一点的妈妈也要加量，加 1~5 毫克不等，因人而异。叶酸是维生素 B 族的一种，可以防止胎儿神经管发育畸形，是造血的原料，因此缺叶酸也会贫血。

问：孕后期水肿该怎么办？

答：血液中的蛋白质过低会导致水肿，因此孕妇在吃东西的时候一定要注意补充优质蛋白，比如鸡、鸭、鱼、虾、乳制品等。另外，大部分孕妇水肿都是由于子宫增大，压迫盆骨底部的血管，下肢静脉压增高，血液回流不畅引起的。简单来说就是我们保持同一动作所造成的压迫。所以孕妇需要避免久坐和久站，不管是站还是坐，孕妇都要在一小时内动一动。久站久坐引起的水肿，按摩会有缓解作用。在睡觉时脚下放个垫子，抬高下肢会有缓解作用，部分瑜伽动作也有帮助。

问：孕期可以运动吗？

答：当然可以，爱运动的人并不需要因为怀孕而立刻停止运动。一般来说孕早期要格外小心，因为这个时期需要过自然淘汰这道关。前三个月的运动量要减三分之一。准妈妈并不忌讳有氧运动，但是举杠铃一类会增加腹部压力的运动要杜绝。孕中期，我们提倡孕妇的运动量要适当增加。孕妇除每日散步两次外，还可以每周增加两到三次、每次半小时的有氧运动，推荐瑜伽、快走、游泳。只要孕妇没有先天性宫颈内口松弛、前置胎盘、先兆流产等问题，我们建议可以一直运动，直到生产。

问：孕期能旅行吗？

答：当然可以！怀孕 3 个月到 7 个月之间的孕中期是孕妇整个怀孕过程中最舒适也是相对最安全的一个时期。因为孕早期是敏感致畸期；需要度过自然淘汰关；孕后期身体负担又太重。旅行可以帮助孕妈放松心情，愉悦情绪，作为医生我们非常建议准妈妈在孕中期做适当的旅行。旅途中孕妇一定要注意饮水和饮食安全，吃了不洁的东西可能造成沙门氏细菌、诺如病毒等感染，严重的话可能导致流产。

问：准妈妈可以出门看电影吗？

答：事实证明，没有循证医学证据证实孕妇看电影与胎儿耳聋有直接关系。胎儿徜徉在子宫的羊水中，羊水起到了很好的缓冲作用；

子宫在盆腹腔内部，周围有妈妈的肠管包绕，外部还有妈妈的腹壁保护。大自然已经给予胎儿层层保护与包裹，并没有那么脆弱。但我们确实不建议孕妇一直处在嘈杂的环境里。

小淳妈妈

- 想顺产的孕妈，深蹲练习对你们有好处哦！
- 现代医学不主张孕妇爬楼梯，因为这样容易加重膝关节的损伤。
- 准妈妈每天不要玩电子产品超过两小时，坐在座位上不要超过一小时，活动一会儿再玩哦！
- 孕中期是准妈妈最舒适的时间段，趁这段时间去旅行吧！

Chapter 3

产后复原大作战

"一向对自己的自我管理能力很自信的我，从来没有想过，有一天，产后瘦身会成为我的人生难题。"

3.3

1+1=4 的幸福

也许是孕期历经了九九八十一难，西天取经成功，我的生产顺利得像过节。

选定了生产日子，先生和魔女赫本提前一天把我送进医院。2014 年 10 月 4 日早上 8 点，在公公婆婆爸爸妈妈和魔女赫本共同的簇拥和鼓励下，我被推进产房。私立医院允许先生陪产，于是，先生穿着手术服，跟在医生后面，胖胖的，兴奋得像一只要去竹林的大熊猫，进入产房。

2014 年 10 月 4 日清晨，摄于产房前

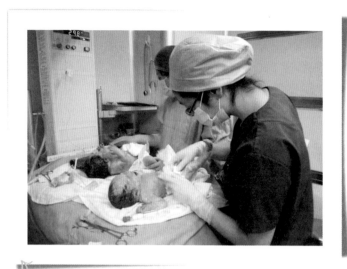

2014年10月4日10点20分，"新鲜出炉"的K&V

　　先生激动得像个大小孩，一手握着我的右手，把温度传给我，给我力量，给我加油；一手举着DV，不肯漏掉产房里正在发生的一切细节。不小心瞄到正在被开膛破肚的我，还吓了一跳，以至于之后的很长一段时间里，他都在不停感叹：唉！太太这一回吃苦了，我一定要加倍疼爱她。

　　大女儿小K的第一声啼哭，让我有种黎明突然到来的错觉，白亮亮的。护士把小K抱到我面前，那么黏糊糊的，小小的一坨，闭着眼睛。一瞬间我百感交集，脑子里面却又是完全空白——这真的是我女儿吗？这就是我女儿吗？我只能想起这两句话，但激动的泪水已经夺眶而出。

　　先生的手紧紧握着我的手，兴奋地拍摄记录着这历史性的时刻——他与前世小情人小 K，在今生的第一次相见。可是我们才看了两眼，护士就要把她抱到别处去洗了，我躺在手术床上，依依不舍地目送小 K；先生则不知什么时候松开我的手，捧着 DV，屁颠屁颠追护士而去了……

居然就这么把孩儿她妈抛在脑后了！

我正哭笑不得，又一声啼哭传来，麻醉师大声叫先生："另一个也出来了！快来拍呀！"先生和我都没想到，两个双胞胎的落地，前后居然相隔不到一分钟。他那边还没拍够，这边又等不及要调转 DV，一阵错乱；加上本身胖胖的，又穿着很医生范儿的蓝色手术服，看起来活像一个手忙脚乱的蓝精灵。

他屁颠屁颠地回到手术床，开始拍摄小 V。小 V 来到这个世

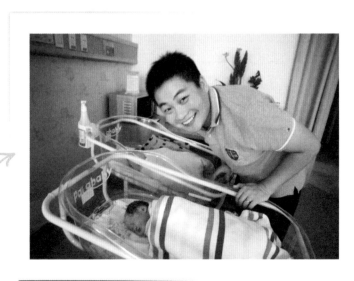

都是我的了！

界，第一次被抱到爸爸妈妈面前，一个眼睛睁，一个眼睛闭，嘴嘟嘟的，那神情好像在对我说："你好呀，老妈！"特别调皮。后来，果然发现她是个活泼好动、点子一大堆的鬼马姑娘。

医生告诉我，两个宝宝的体重，一个2.6千克，一个2.8千克，都达标，不用进暖房。我又一次激动得落泪了。感谢老天！

我还在麻醉药效里，身体感觉不到疼，但被一股莫名的难受充斥着。我知道肚子上这一刀，会在麻醉药效过去的一瞬间，带给我剧烈的疼痛，生孩子真的好辛苦。但当我看到先生对那两个小小的肉坨爱不释手，一个臂弯揽一个，左看一眼，右看一眼，怎么也看不够的样子；当我看到K&V健健康康睡着的样子，想到她们会一点一点长大，便觉得自己受的这些苦，居然能交换到1+1=4的幸福，一个家庭的完整，九九八十一难算什么，一切都好值得。

大自然赋予女人生产的权利，真的，体会过才知道，妈妈在生产的一瞬间收获的幸福，胜却人间无数。

就这样，我成功从肚子里"拿"出了健康的双黄蛋，"孕战"大获全胜。上上下下十个月的大石头，终于"排"出了体外，此后，我又可以瘦回到45千克，回到我的造型师舞台，继续又瘦又美的人生了！

然而，看到镜子的一瞬间，我从天堂跌到了地狱。

为什么货都卸了，肚子上还有一个球？！

精挑细选月子会所

看到自己卸完货还像 5 个月的身孕，我的内心是崩溃的。但是刚生完宝宝，又是剖宫产，当务之急是把身体养好，所以减肥大计只能缓缓再说了。

其实在怀孕之初，我和先生就已经计划好了要在月子会所坐月子。考虑到爸爸妈妈年纪都大了，我们又都没有为人父母的经验，不知道怎么照顾好初生的小婴儿，连帮她们喂奶和洗澡都不太自信，更不要提我肚子里装的是双胞胎宝宝，难度系数加倍！面对自己一天比一天圆起来的肚子，为了更好地避免 K&V 到来时的手忙脚乱，我和先生便决定借助月子会所这个"中转站"，作为过渡。

自从做了这个决定，我和先生的周末活动内容又加了一条——寻找合适的月子会所！孕中期的时候，我们锁定了愚园路上的一栋欧式小洋房风格的会所。它闹中取静，阳光明媚，走进去，有一种忽然回到了布拉格的错觉。我们一眼就喜欢上了。

这家会所在各方面都比较符合我们的期望。比如，一进门就感受到了安保非常严格，对访客的卫生要求也很高，换鞋、消毒和戴口罩一样都不能少。走进会所，无论是家具、装修还是隐蔽细节，

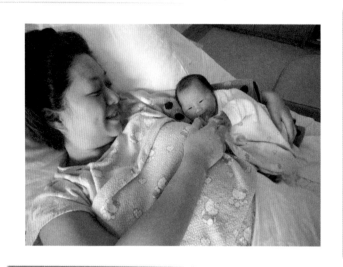

迷你
K

都非常有质感。另外，对于新生儿和妈妈来说，空气和水的质量是我们最关心的问题。馨缇会所在每个房间都配置了Blueair空气净化器及中央软水系统（因为产后妈妈的体质较虚弱，对生水的刺激极为敏感），特别贴心。而更令人惊喜的是，这里的月子餐除了讲究食物营养的搭配，还考虑到了产妇合理的热量摄入，连摆盘也能看出是下了功夫的呢！每天六顿，三顿正餐，加三顿甜点和水果。试吃了月子餐之后，我们当下决定，就这家了！

K&V出生四天后，月子会所就派车来把我们一家四口接了过去。

由于我是剖宫产，到了月子会所，身体依然很虚，刀口时不时还在隐隐作痛，好在有一双小可爱在身边，疼痛也仿佛减轻了不少，再加上月子会所的精心照料，让我定心了很多。

在月子会所里，无论是给妈妈的饮食，还是给宝宝喂奶，都有专业人员的照顾和指导，切实解决了我们手忙脚乱的担忧呢！我的房间是一个独立的套房，有足够的空间让爸爸陪伴。在这里，妈妈和宝宝是被分开照顾的，宝宝们大多数时间都在育婴室里，由育婴师24小时专门照料。育婴室里有监视器，我躺在房间的大床上，按一下遥控器就能看到她们。美中不足的是，屏幕只有一个，而双黄蛋是一双，先生和我因此不得不总是在两个频道间来回切换，遥控器都快被我们按坏了！

刚出生的K&V，又小又软，头上还有胎毛胎脂，真的不怎么好看呢！她们每天最热衷的事情就是睡觉，差不多一天要睡十几个小时，偶尔才睁开眼睛，东张西望，好像是在看我们，但一会儿就

晚安，我的宝贝

又睡着了；整天饿了就哭，吃了就睡。说到这里，你们是不是以为喂双胞胎是一手抱一个，两边一起喂呢？其实她们的吃奶时间是错开来的，常常一个刚喝完，另一个就哭着过来了，换尿布也是一样。抱她们在手里，好轻好软，生怕一不小心就把她们弄疼了，但还是忍不住想要一直抱一直亲……在这样的兴奋和爱里，先生和我跟着育婴师，一点一点学习怎么照顾宝宝，怎么做爸爸妈妈。

关于坐月子的问题解答

月子会所对产妇和新生儿的科学理念，像一架谣言粉碎机，帮助我避开了许多传统观念里的误区。在这里，我把自己曾经的困扰和疑惑拿出来分享，希望也能帮助到各位新手妈妈。

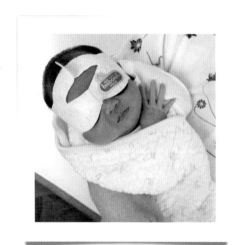

咸蛋超人K

问：月子里到底可以洗澡吗？

答：老话说"月子期间不宜洗澡"，最主要的原因还是怕产妇感冒。产妇在生完宝宝的头一周，还处于排湿排毒阶段，毛孔都张开着，万一着凉很容易得风寒。而现在的情况与过去不同，科技发达，在四季恒温的空调环境里，自然可以洗澡。但需要特别注意的是，第一次洗澡只能用清水哦！若是自然生产的话，产后便可以洗澡。剖宫产可能要晚上几天。在不影响伤口的情况下，专家建议可以在十天左右洗澡。小淳是产后三天洗的头，七天洗的澡。

问：月子里的宝宝可以游泳吗？

答：只要不是早产儿，身体健康的宝宝们都能进行游泳运动。游泳对宝宝好处多多，可以增强宝宝的肺活量，帮助四肢尤其是腿部的发育，但要注意的是颈圈的选择。除了游泳之外，每天宝宝洗完澡之后，给她们做做按摩和被动操，可以帮助宝宝活动筋骨，让她们更好地成长。

猜猜是哪只在游泳？

问：母乳亲喂的好处

答：亲喂对妈妈和宝宝来说，都是非常有益的。乳头上有很多神经，宝宝的吮吸刺激会直接反映到人体大脑，而神经反射会产生催乳素，这些信息的汇集将帮助妈妈产生更多的奶水。对宝宝来说，她们可以立刻吃到带着妈妈体温的37℃奶，不用一面饿一面哭地等待奶粉冲泡好。

问：妈妈的注意事项

答：月子期间，妈妈需要特别关注乳腺管的畅通，还有就是关注子宫恢复的情况，观察恶露、伤口情况。月子期，建议妈妈们可以选择做一些产后操作为恢复运动。

就这样，在月子会所里，我们一点一点学到了这些照顾宝宝，做称职爸爸妈妈的方法。当然，这家台式月子会所，最吸引我的，还是营养丰富、搭配得当、谨遵医学常识并且三十天不重样的月子餐。除了健康美味之外，我的身体也得到了很好的调理，各方面机能都在明显又迅速地恢复，体重也是不增反降呢！

好啦！让我们进入下一节，月子会所里密不外传的膳食秘籍吧！

一个月甩掉 5 千克肉肉的月子食谱

住进月子会所的头一个礼拜，喝的都是清汤，我当时很疑惑，不是说坐月子，是要"疯狂进补"吗？猪脚汤、乌骨鸡汤和鸽子汤们在哪里呢？为什么我都产后好几天了，还在喝蔬菜汤呢？事实是——

"疯狂进补"是个普遍误区。

刚生完宝宝，很多新妈妈，尤其是第一胎的新妈妈，乳腺管还未通畅，连奶水都还没开始生产呢，家里的老人就已经全副武装好了：大炖鸡汤、鱼汤、海参汤，以爱的名义对她们进行疯狂大进补。他们这么做，大概因为在传统观念里，生宝宝是一件大伤元气的事情，因此一定要用大补特补来恢复。其实，这和吃老虎肉就能变勇敢一样，是没有什么科学依据的。新妈妈刚生完就喝鲫鱼汤，奶水确实来了，但其实，这时候还未完全通畅的乳腺管，已经悄悄朝"结奶块"的风险走近了一步。

月子餐的搭配，应该根据新妈妈的生产方式和身体状况量身定制。顺产妈妈会在产后大约 3~5 天开始胀奶，剖宫产妈妈一般为五天后，专家建议胀奶后要先做乳腺疏通，然后才用荤汤来发奶，以避免乳腺导管堵塞，乳房胀痛加剧。

所以，必须科学膳食，科学膳食，科学膳食——重要的事情说三遍！

生育是大自然赋予女性的，因此身体具有自行修复的功能，不用急慢慢来。身体的自行修复分几个阶段，每一阶段都要有侧重点，我们可以按阶段，通过饮食，给予相应的营养摄入。比如，第一周的食谱，目的着重在排恶露、促进新陈代谢，因此要以山药排骨汤、红枣银耳汤这些清淡的汤羹为主。进入第二周，才加入花生炖猪蹄、鱼汤等发奶汤品，来促进新妈妈的乳汁分泌。第三、第四周之后进入进补调理期，需要开始在月子餐里添加麻油，适量米酒，以帮助新妈妈恢复体力。根据月子会所的经验，这些需求通常可以归纳为三个阶段：

第一阶段，即第一周，新妈妈处于需要排净恶露、愈合伤口的时期。从饮食方面来说，应该多摄入一些帮助代谢废物、排除瘀血的食物，加速愈合分娩造成的撕裂损伤。

第二阶段，即第二周，新妈妈开始进入身体的自我修复阶段。在孕产期承受了巨大压力的身体，组织器官多多少少会有些挪位和损伤，这时候我们需要从饮食上给予调理。

第三阶段，即第三、四周，是新妈妈需要增强体质、滋补元气的阶段。在这期间的饮食安排，应该配合调整体内环境、帮助增强体质，使新妈妈的机能尽量恢复到正常状态。

科学的月子餐提倡多餐少食，前期以素汤为主，不要大补，要温补，用来帮助进行排毒。后期倒是可以进行大补，帮助催奶和增强体质。

然而，新妈妈的体质毕竟比较特殊，需要摄入的营养和食物量都比其他时期多，这时候，为了尽量保持身材，不让后期的减肥工程难于上青天，平日里我们都知道的瘦身饮食概念——少食多餐，到了要坚决执行的时刻了！我的月子餐，每天六顿，按时按量：早上八点吃早餐，十点吃点心水果，十二点准时午餐，下午三点再吃点心，六点晚餐，八点水果点心，一样也不多，一样也不少。

那么，月子会所里产妇每天都吃些什么呢？相信不少朋友已经在我的微博上看到过一些零零星星的分享，在这里，我为大家特别整理出了一份月子食谱，新妈妈在家里也可以试试哦！

最后提醒大家，生完宝宝后，新妈妈不要忘了补钙哦！为了自己和小宝宝，新妈妈一定要补钙直到哺乳期结束。因为哺乳会导致产妇流失大量钙质，这时候特别需要额外摄入钙片来补充，也可以多吃含钙量丰富的食物，例如红肉、牛奶、酸奶、奶酪等。

想知道我是怎么从 65 千克到 48 千克的吗？看下一页吧！

小淳妈妈的月子餐

黄芪蒸桂鱼
芹菜炒牛肉丝
青菜
红薯炒饭
杜仲牛肉汤

豉油鸡
台式三杯鸡
青菜
红枣杂粮饭
木耳竹笋菌菇汤

清蒸鲍鱼
腰果炒鸡丁
炒空心菜
红枣杂粮饭
杜仲乌骨鸡汤

台式草虾
时蔬炒牛肉
青菜
芝麻杂粮饭
胡萝卜木耳浓汤

小淳妈妈的月子餐

鲜橙配鸭胸肉
莲藕炒肉丁
青菜
黑豆杂粮饭
胡萝卜玉米浓汤

酱汁排骨
佛手瓜炒蛋
广东菜薹
虫草花玉米浓汤
杂粮饭

清蒸比目鱼
红酒毛豆烤鸡翅
炒空心菜
五谷杂粮饭
胡萝卜黄芪牛肉浓汤

水果篇

奇异果
鲜橙
坚果酸奶

生完就瘦？别天真了

　　前面提到，"卸完货"的我郁闷地发现，原来什么"女人生完就瘦了"，都是骗人的。"生完就瘦"只是诸多体质中的一种，要靠基因的。这些年看着那么多明星和身边的朋友，肚子里的货一卸，分分钟瘦成一道闪电，仿佛顺理成章，自然而然。我做梦也没有想到，明明身在同一个行业，我和她们却截然不同。K&V 出生后，我的肚子依然大如球，我怀疑自己过海关的时候都有可能被当成孕妇拦下来盘问。很长一段时间，秤摆在家里明显的位置，我都不敢去踩它，生怕看到接受不了的数字。可我逃避得了秤，逃避不了镜子，每每看着镜子里自己圆滚滚的身体，我都忍不住感叹，虎背熊腰这个词，原来是为我而存在的。

　　你以为这是全世界最悲惨的事吗？太天真了，更悲惨的是，我的体能比身材还要糟糕。

　　产后三个月，我复工后的第一次工作，是受邀出席《悦己》杂志的年度颁奖活动。那个时候我虽然身材圆润，但好在可以穿绷裤来掩饰，加上又是冬天，总算是看不太出来。我美滋滋地想，复出第一天，还是可以带给大家一个美美的形象的。没想到，出门走了没几步，我的腰就像断了一样，每迈出一步，就钻心疼一次，还完全使不上力。当天的活动，最终只能在闺密魔女赫本的搀扶下，跟跟跄跄地撑到结束。

真的，不是我偷懒不运动才造成了这一刻的悲惨局面，产后锻炼一直在我的计划中，但是 K&V 尚在哺乳期，新妈妈运动会影响奶质的说法也一直在争议当中，没有被完全否定，我因此不敢冒险。再加上是剖宫产的关系，那么长一条刀口在肚子上，平时动一动都隐隐作痛，而且我还担心留下什么后遗症，实在是不敢乱动。我记得医生明确提醒过：生完之后的三个月，不能进行过多的负重运动，尤其是对腹部产生压力的运动，最多只建议慢跑、游泳等有氧运动，因为那时盆底肌还没有长好，容易造成子宫下垂。

所以，产后的我为了安全起见，选择了物理方式做被动式修复，配合精油点穴按摩，来进行产后身体修复。听说生产后孕妈的五脏六腑都会挪位，而运用精油点穴的手法配合仪器物理治疗可以帮助归位，起到调理身体的效果。我连续做了几个疗程，却在和励医生的一次聊天中得知，新妈妈的身体里有韧带，小宝宝拿出来之后，这些韧带会拉着五脏六腑自行修复，这是大自然赋予女性的功能，不需要特别通过外力来帮助复原。

我做了几个物理疗程后，对修复作用没什么感觉，人也没怎么见瘦，又收获一轮失望。等我回到我心心念念的摄影棚，准备复工的时候，摄影师远远地看到我："嗨！"还没等我回答："嗨，好久不见！"他接着说："淳子，你胖了哟！"

那段时间，大家见到我，说的都是"高龄产妇好厉害，辛苦你啦！""生完两个孩子，身材保持成这样不错啦！""一工作就会瘦啦，不用担心！"之类的安慰话，突然听到一句这么赤裸裸的大实话，我心里一揪。也许是因为平时和摄影师关系就很好，大家说起话来都当对方是自己人。总而言之，我深深记住了这个善意的刺激，掐着日子等哺乳期结束，六个月一过，我立刻开始了节食和运动。

我是易胖型体质，传说中喝水都能胖的那种，但好在我从小就特别舍得对自己狠，稍微胖一点，节食个三五天也没什么大不了。因此，我一直觉得，对我来说，控制体重是一件简单的事，只要舍得饿自己，立刻就能瘦。我喜欢那句"连自己的体重都掌控不了，何以掌控人生"，也自信于自我的管理能力。所以我从来没有想过，有一天，产后瘦身会成为我的人生难题。

好长一段时间，无论我怎么节食，多么努力减肥，就是一点效果都没有，特别沮丧。

那段日子里，我看着镜子里的自己，时常忍不住想，这么一个浑身堆砌着赘肉的女人，站在镜头前传授美妆技巧，观众会相信我吗？有什么说服力？看来生孩子这件事，挑战的不只是我的身材，还有职业的公信力呢！

从 65 千克到 48 千克，我用了 18 个月

　　接连好几个月，我又是物理疗法，又是运动节食，但根本看不到效果，胖得连工作邀约都接得犹犹豫豫。我才发现，原来生产并不是最艰难的，最艰难的是产后修复。

　　就这样，一次一次地沮丧，一次一次地给自己打气，却又无能为力，直到我因为工作的缘故，结识了 DP 潜能工作室的创始人，私教 Jason。

就是他把我从65千克虐到48千克，我的魔鬼教练Jason

他告诉我，瘦身要从练体能开始，有了体能才能把动作做到位；只有动作到位了，减肥才会有效果；而身上的每一块赘肉，也都有专门针对的健身动作。所以对于产后妈妈们来说，这是一件千万不能着急的事。肚子是花了十个月的时间慢慢长起来的，想要身上的肉再一点点掉下去，同样需要时间，找对方法。

产后六个月，Jason 针对我的个人情况，特别给我制订了产后修复计划，从体能到体质，再到饮食，循序渐进地训练和把控。很长一段时间里，我每次达到他的训练要求，整个人都累得像狗一样，并且还要控制饮食，不能用大吃特吃来犒劳自己。产后修复如此具有挑战性，难以坚持，但追求完美的我是不会放弃的，整整三个月的第一阶段后，我瘦了 5 千克；看着秤上的数字一点点变小，我的信心终于慢慢回来了，于是更加认真和卖力地对待下一个阶段。

即使是这样，真正瘦回生产前的状态，我还是花了足足 18 个月，真的是一个超级难熬的漫长过程呢！当时的我，每天掰着手指头，盼着自己的体重一斤一斤往下掉，你知道那种滋味吗？

所以，亲爱的新妈妈们，如果你还在为瘦不下来而烦恼，别焦虑，产后修复真的需要耐心和时间；只要你足够努力，方法正确，时间到了，你一定能瘦下来。

那么，科学的产后瘦身方法究竟是什么呢？

生完 K&V 之后，肚子、腹部、手臂和臀部上的肉肉，是我最想甩掉的。Jason 告诉我，新妈妈的身体经历了怀胎十月的挤压和承重，这些部位多多少少会变形。看到镜子里，自己虎背熊腰的样子，我想，可能就是因此而留下的后遗症吧。一般而言，产后主要有五大体型问题：腰椎过曲，高低肩，骨盆前倾，圆肩，以及"妈妈臀"。

针对这些问题，我们可以把"恢复身材"这个宽泛的目标细化成加强核心力量，减少手臂后侧脂肪，加强背部力量和减脂，减少腰腹脂肪，减少臀部脂肪和提高臀线，从而提高肌肉质量和含量，综合改善体形。

目标明确之后，Jason给我制订了产后瘦身计划，计划共分三个阶段，我们把大目标一分为三，循序渐进。

06.

产后瘦身第一阶：体能恢复和学习动作

因为经历了怀孕和生产，元气损伤，体能下降，就像我前面说到的，穿上高跟鞋后，腰像断了一样走不动路的现象，其实就是体能还没有恢复，腰椎过屈压力过大导致。大家想一想，如果一个皮球跑了气，瘪了，我们想要重新把它拍起来，首先要做的，不是去努力拍它，而是去给它充气，对吗？要让它回到原来的状态，再拍。这和我需要重新练习体能是一样的道理。

教练告诉我，在第一阶段，我所练习的每一个动作都要围绕提高基础体能和身体各方面的功能性，例如平衡性、灵活性、稳定性以及核心和四肢力量这一目标来进行，因为如果基础体能及身体基础的功能性不达标，我就没办法把训练动作做得标准到位，达到想要的瘦身效果！

　　是不是看着就很累？事实是真的累。我每次练完，浑身都像虚脱了一样，回家之后连 K&V 都抱不动，晚上躺在床上，肌肉疼得睡不着。

　　但还好，想瘦的心足够坚定，虽然从生产前的 75 千克到怀孕前的 45 千克，是一段漫长的旅程，但不积跬步无以至千里，我现在已经迈出了第一步，每次训练即使流再多汗我也会硬着头皮坚持下去，相信一定会有效果——就这样，每天给自己打气，终于熬完了长达三个月的第一阶段。

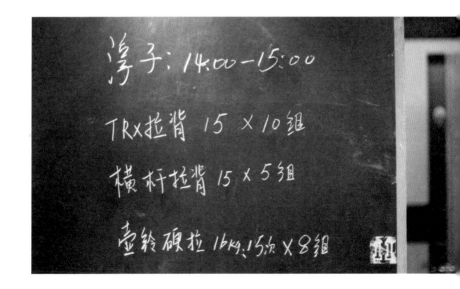

训练目标	动作名称	次数 & 时间	组数	备注
提高核心力量和收紧腹部，改善腰椎过屈和骨盆前倾，增加手臂线条和肌肉	手臂支撑①	30秒	5组	手臂在肩部垂直下方，保持腹部和臀部夹紧，腰部不能塌陷
加强核心肌群的参与，提高手臂、肩部的肌肉质量，强化肩关节，稳定小肌肉群	球上支撑②	30秒	5组	保持注意力集中，肩部稳定，收紧核心，双腿分开大一点，稳定性会更好
练习下肢的稳定性，提高平衡性，勾勒臀部线条	单腿站立、侧抬腿③	两侧各12～20次	3组	保持身体直立，腿下落时要慢，抬起脚不落地
提升臀部肌肉质量，勾勒"微笑"臀线	后撤箭步蹲④	两侧各12～20次	5组	保持前腿脚尖和膝关节在一直线上，后腿尽量少发力，前腿不能前移超过脚尖
提高心肺基础功能，增加热量消耗	综合以上训练的动作			休息时间自我调整
肌肉放松拉伸，防止肌肉过紧	拉伸：手臂、臀部及大腿前侧			

产后瘦身第二阶：局部锻炼和塑形

第二阶段的目的，是在掌握了动作要领、形体也慢慢恢复的基础上，针对身体局部进行锻炼和塑形。

完成第一阶段，我花费三个月，从 59 千克到 55 千克，瘦了整整一圈。虽然当时每天都忍不住要看看体重秤上的数字，但结果常常是失望的。但三个月后的回顾，却让我惊喜地发现：效果原来这么明显！我终于开始瘦了呢，不仅是体重减轻了，在做单膝站立和跑步训练的时候，能坚持的时间也慢慢增加了。我的体能真的按照计划里说的，在渐渐恢复了！信心，也就是在这小小的起色中一点一点建立了起来！

因此，第二阶段开始的时候，之前那个充满怀疑态度的自己已经不复存在了，从镜子里看到妈妈臀、拜拜肉、圆圆肩，也不再感到丧气。

就这样，开始对运动有了兴趣的我，每天都处于兴奋状态，甚至开始期待见到教练。

来看看 Jason 又要怎么"虐"我了吧！

第二阶段的训练内容，以自重训练为主，小器械训练为辅。自重训练分为推、拉、蹲和核心训练四种，小器械就是我们平时说的小哑铃、弹力绳和药球。每个动作都有其独特的作用和意义。

"推"就是我们常说的手臂弯曲，双手着力在地上或者墙上，把身体推起来的动作啦！推的动作包括俯卧撑、俯身推肩、双杆臂屈伸、推墙俯卧撑、跪膝俯卧撑等。我们需要通过这些动作锻炼手臂后侧、胸部和肩部，增强这些部位的塑形，提升肌肉质量，加速代谢和能量消耗。

"拉"的动作，主要指健身动作里的引体向上、横杆拉起、TRX划船。通过这些动作，我们可以锻炼手臂前侧和背部，并因此增强背阔肌、中下斜方肌、菱形肌、肱二头肌，以及肩膀后侧的力量。通过这些训练，新妈妈们产后特有的圆肩驼背会因此得到改善哦！随着我对这些动作越来越游刃有余，甚至可以摸到小小的肌肉，圆肩和驼背也跟着不再明显了。照镜子的时候，总能感觉到，我整个人的体态不一样了，越来越接近怀 K&V 之前的自己，甚至更好了！

"蹲"就是弯曲膝盖的动作。蹲分很多种，比如下蹲、箭步蹲、单腿蹲，等等。蹲的动作，主要用来增强我们大腿部的前侧股四头肌、下腰部、臀部的肌肉的力量，改善新妈妈在产后特有的妈妈臀。

值得特别提出的是，除了肢体部位的训练，核心和心肺的训练也很重要。

核心指的是我们身体的躯干部位，平板支撑、卷腹和支撑提膝等动作都可以有效地锻炼到它。通过充足的核心训练，腰腹的稳定性会大大增强，我们每个动作的标准程度也会因此得到提升哦！

训练目标	动作名称	次数 & 时间	组数	备注
关节与核心的稳定，肌群的强化，臀部线条的塑造	猎鸟狗动作 ①	两侧各 10~15 次	2	注意核心收紧，保持胯部稳定，腰部不能塌陷
稳定核心和肩关节，提高胸部、肩部、手臂后侧的肌肉质量，帮助塑形	TRX 推 & 推墙俯卧撑	10~15 次	6	力量较弱时，脚可以往前，动作难度会降低
提高肩部、下背部、臀腿的力量和体能	负重抬起 ②	10 次	4	可以找任何重物抬起放下，注意保持下背部的挺直，收紧核心
提升下肢、臀腿和下背部的肌肉质量以及线条	负重药球 5kg 后撤健步蹲 ③	两侧各 10 次	4	注意膝关节不能主动向前，不要超过前脚尖，前腿膝关节不能内扣
强化核心力量，收紧腹部	辅助卷腹 ④	8 ~ 15 次	5	注意脖子尽量放松，返回时尽量保持核心收紧，记得慢落
	拉伸胸部前侧、肩部前侧、臀部和大腿前侧、下背部		间隙时间自己调整	

心肺训练主要通过高提膝、开合跳一类的动作来完成。这些运动可以增加我们的力量和体能消耗，提高心肺素质及身体功能性。对身体健康也大大有益的哦！

第二阶段里，通过反复练习这些动作，我切身感受到自己的各个部位真的都在收紧。就这样，无论多忙，我坚持每周两次的私教课程；保证每次锻炼，都能精神高度集中，动作标准有效，不知不觉度过了整个冬天。

到了冬季，人难免有犯困偷懒的时候，尤其临到春节，全国人民都在大吃大喝，老实说，在那段时间，我也没能保证周周两次课程，但一直都在尽最大的努力不放松自己。所以最后算起来，虽然第二阶段有些断断续续的，好在结果依然令人满意。

结束了第二阶段的训练后，我终于和那个肚子上带球的自己说再见了；衣服上身之后，明显变得开始有型起来。再稍为施展一下造型师的小魔法，扬长避短，几乎已经看不出哪里特别胖了呢。掐指一算，居然又掉了 5 千克肉，回到产前体重，指日可待啦！

这时候的小淳，已经对减脂塑形充满信心，还颇有些游刃有余了。

就是在这样的惊喜里，我开始了第三阶段的锻炼。

产后瘦身第三阶：整体减脂塑形，强化体能

第三阶段的主要目标，是在各部位都得到训练和改善的基础之上，通过提升训练动作的强度，帮助新妈妈从整体上减脂塑形，强化体能。

当你阅读到这一阶段训练计划的时候，特别要注意每个动作的次数和组数哦！

训练目标	动作名称	次数 & 时间	组数	备注
拉伸肩部、胸前过紧的肌肉，改善圆肩，加强臀腿训练	TRX 展臂健步蹲 ①	两侧各 10~15 次	3	注意膝关节不能向前超过脚尖，前腿膝关节不能内扣，胸要保持展开和拉伸状态
提升臀腿外侧的线条和肌肉的质量	侧健步蹲 &TRX 侧健步蹲 ②	两侧各 10~20 次	3	保持下蹲腿，脚尖和膝关节在一条直线上，臀部向后向下蹲
训练背部和手臂前侧肌肉力量，塑造线条，改善体态	辅助借力引体向上 ③	8~12 次	5~8	刚开始没人辅助，可以找较低的单杠，用自己的腿借力蹬起。注意，要拉到头部超过横杆，下落时手臂要伸直。发力时，肘关节先向下后方拉起，不要全靠手臂力量拉起
锻炼核心、肩部、胸部和手臂力量，提高整体肌肉协调性	进阶 TRX 推 & 跪膝俯卧撑 ④	10~20 次	5~8	下落时尽量保持肩部放松不耸肩，身体躯干成一条直线
	拉伸胸肩、手臂前后侧、背部			间隙时间自己调整

　　第三阶段进行到现在，我已经在瘦身这条路上走得很远了。挺过了最初的全身酸痛和各种不适，我每次被虐后，都有一股说不出的轻松和酸爽，感觉自己整个人的精神状态都越来越好了。因此，即使身材已经恢复得差不多了，依然有些舍不得告别锻炼。就这样，不出差的时候，我都尽量保证与魔鬼教练一周两次的约会；不知不觉，私教课程已经变成了我的一个崭新的习惯。

　　看着镜子里的自己在产后修复这条"不归路"上，重新瘦了回来，一天比一天自信和健康，不由得越来越喜欢现在的自己了呢。

　　常常被问到看起来更年轻的保养秘诀，其实，保持运动和良好的生活习惯，以及挑战新事物，就会让你从心态到外表都看起来更有活力呢！

被虐惨了

体能训练和饮食控制双管齐下，不让汗白流

提醒一下，18 个月内瘦 15 千克，你要做的可不止锻炼身体一件事哦，饮食控制与体能训练就像小 K 小 V 一样，也是一对双胞胎。下面我简单说一下饮食方面的注意事项，必须遵守哦，不然的话，前面的汗可就白流了。

1. 多喝水，每天至少摄入 1.5 升。

2. 保持一定量维生素、矿物质和蛋白质的摄入。说到维生素，我们多吃蔬菜和水果就足够了，并不需要瓶瓶罐罐。锻炼过后，香蕉是很好的选择哦！香蕉可以快速补充糖分和钾，帮助肌肉恢复，缓解抽筋。补充矿物质的话，那就多吃些坚果吧！至于蛋白质，我们一日三餐里会吃到的鱼，肉，蛋，还有一些豆制品中都含有。

3. 食物要争取少油，少盐，少糖，少量。当然，小淳并不是建议大家为了瘦，一下子油盐糖统统不沾，那人生还有什么乐趣呢！我们可以一步一步慢慢来，一点一点地减少。

4. 对于那种高糖的零食，真的是要绕道走了，巧克力、甜点、冰激凌什么的，增肥效果太明显。可能我是易胖体质吧，你不怕可以试试。

5. 按时吃早餐，燕麦片、蔬菜、水果、牛奶和咖啡是不错的选择，记得尽量避开油炸食品哦！

6. 晚上 9:00 过后，就忍住别吃消夜啦！

人都是有惰性的，如果 Jason 在我每次累得偷懒时，没有及时纠正，难免动作会不到位；如果没有他在我懈怠时，狂轰乱炸般地用简讯提醒，督促锻炼；如果没有他不间断的饮食监控，我的产后修复之路很可能是另外一种结局。谢谢你 Jason，我的私教。

记得要来练习哦！

10.

造型师的产后显瘦穿搭秘诀

"下完"双黄蛋，我花了整整 18 个月才让身材恢复到孕前的样子，那这 18 个月间怎么保持美丽，就是造型师的功力了。分享一些心得给大家。

小淳妈妈

- 尽量选择纯色。
- 尽量选择"性冷淡"的颜色——黑白灰。
- 身材没恢复，尽可能买小一号衣服，给自己紧迫感，时刻提醒自己要减肥。我一直把小一号衣服挂在卧室里，让自己看着难受。
- 少买点衣服！快点瘦！

Chapter

造型师妈妈的『型』娃穿搭经

"抱出来的娃，比挂在手上的包更能暴露妈妈的品位。"

01

宝宝穿搭体现的是妈妈的生活态度

王尔德说:"只有浅薄的人,才不以貌取人。"我一直很认同这个说法。在我看来,看似简单的宝宝穿搭,其实隐藏着家长的用心和品位。

小朋友刚来到世界不久,懂得的事情实在有限,很多事情,如果父母不去有意灌输,她们就完全没有意识。之前热门综艺节目《爸爸去哪儿》,萌娃们的穿着都能上热搜,其实大家讨论来讨论去,无非是在说父母的衣品。又如小七的每一次出街造型,总是被全球瞩目,成为妈妈们的追捧对象,所以不得不佩服维多利亚品位出众的搭配功底。儿童期的小朋友,穿着是否整洁得体,行为是否有礼貌,背后体现出来的,都是我们家长的审美趣味。所以说:"抱出来的娃,比挂在手上的包更能暴露妈妈的品位。"一点也不夸张。而且,父母对宝宝的影响,不仅仅只表现在穿搭上,小朋友在成年之前所展现出来的行为习惯,多多少少都和家长的指导有关,是我们的责任和义务。

早在 K&V 到来之前很久,我就无数次幻想过,将来我要是有个女儿该有多好啊,每天帮她扎小辫子,穿小裙子,打扮得漂漂亮亮的抱在手里，一定很有成就感！

　　所以，小 K 小 V 的每一套造型，从细节到款式，我都会仔细、用心地搭配。更重要的是，我会特别考虑什么场合穿什么衣服。如果带她们去公园游玩，小朋友都喜欢跑来跑去，我就会尽量避开又闷又热、行动不便的公主裙；如果是带她们去上早教课，行动方便、耐脏的 T 恤将会是首选；而如果是去长辈家做客，稍微隆重一些的小正装和小皮鞋最合适了。这些细致的穿搭心思，在教导 K&V 懂得欣赏美，帮助她们耳濡目染基本造型意识的同时，更是在表达一种对她们的尊重。

　　十几年的职业造型师生涯，见过了时尚圈里形形色色的人，现在的我相信，品位和见识这些隐形的财富，比学历更难以获得，更需要家长十年如一日的培养和灌输。

02.

不到一岁的宝宝也要讲穿搭？

答案是：当然！

但是别紧张！相较于搭配、场合、性别都需要考虑的儿童期，婴儿期的穿搭简直是小菜一碟，需要特别注意的部分并不多，而且都是些轻松便捷、易上手的造型。一岁之前的这段时间，是妈妈们在小朋友穿搭学习上的过渡期哦！

一岁以内的小婴儿，选衣服，最关键的是面料健康和安全。

全棉的材质最健康，是首选。新生儿皮肤又嫩又脆弱，应该完全避开化纤成分。有一些特定的设计最好也要尽量地避开，比如说带皮筋的衣服，这种衣服可能会卡住小宝宝某一个部位；而带绳子的衣服也应该尽量规避，小宝宝们可能会在我们不注意的时候拉扯绳子，缠住自己。此外，我个人不建议在婴儿期买带纽扣的衣服，而用摁扣替代，因为摁扣更适合小婴儿，这样的扣子不仅安全，还相对容易穿脱。小 K 小 V 刚出生的时候，我倾向于为她们选择容易穿脱的连体衣和包屁裤。在 K&V 十五六个月的时候，我便开始慢慢让她们学着自己穿衣服，即便时常穿得乱七八糟，让我哭笑不得，我依然坚持让她们自己动手。

再来说说款式。K&V 的婴儿时期，几乎都是以连体的包屁裤为主。婴儿的骨骼刚开始生长，还未成型，分体式婴儿服穿在宝宝身上，不仅没有造型感，而且穿脱也不方便。一直到 K&V 一岁前后，我才慢慢开始为她们选择分体衣。既然一岁以后就不再是小婴儿了，就不要穿成小婴儿啦！另外，小女孩不一定总是穿粉色，女孩应该是千姿百态的。每个女孩都有合适自己的独特颜色以及属于她们的风格，白色、鹅黄色、藏青色，各种纯净的素色都很适合女孩！而小男孩也别怕尝试鲜艳粉色，可以参考凯特王妃家小王子的造型哦！

如果小朋友在婴儿期的所有穿着，全都是连体衣配包屁裤，让你觉得款式单一没有看头，不如尝试为他们添加一些具有造型感的单品——例如可爱的小袜子和小鞋子。也许你觉得反正婴儿天天抱着，不用走路，鞋子可以省略不穿。但是，鞋子作为整体造型的一部分，缺少了会非常减分，也无法有效地帮助小宝宝们保暖。另外，小婴儿们头发稀疏，如果用小帽子和小发带点缀一下，也会有不一样的造型惊喜哦！

这里给大家分享几张婴儿期 K&V 的造型：

03.
小朋友穿搭要健康舒适，也要有风格

　　看着 K&V 从一点点大的小婴儿长成了人模人样的小姑娘，蓄谋已久、迫不及待的我，终于可以施展造型师的魔法，好好打扮打扮、捯饬捯饬她们了！不过，在我看来，小朋友的穿搭，最重要的还是"健康、环保、尺寸合适"，此外，也要考虑属于她们的搭配风尚和穿着场合。

安全第一

　　小朋友自己没有什么安全意识，所以作为家长的我们，有责任在服装细节的安全方面为她们把好第一关。

　　为 K&V 挑选衣服的时候，我会尽可能避开一些有安全隐患的设计细节，例如，小朋友都喜欢把玩绳子，为了彻底避免绳子勒到她们，我尽量不去挑选这样的款式。同样地，小朋友的鞋子，我最关心的是鞋底的舒适性，对于正在学习走路的 K&V，硬底鞋不仅舒适度大打折扣，而且走起路来容易打滑，因此软底鞋是更好的选择。

 今日宜出门

面料环保、舒适

小朋友的服装，安全是第一位的，其次，面料也要环保和舒适。平时给 K&V 选衣服时，我特别偏爱全棉质地和牛仔的面料。小朋友精力充沛，爬高上低的，很容易出汗，棉质衣物透气性和吸汗性都很好，也容易打理。在秋冬季，我则喜欢给 K&V 选择羊毛质地的衣服，相较于腈纶面料的针织衫，纯羊毛足够保暖，也几乎没有静电。

新手妈妈挑选宝宝衣物的时候，小淳建议大家仔细查看衣服标签上的成分说明，尽量避免含有腈纶成分的面料。小朋友的皮肤细嫩而敏感，如果让皮肤长期接触腈纶纤维，很有可能出现过敏和不适。另外，新买来的衣服，外婆都会将衣服上的洗衣标与 LOGO 剪掉，洗净后再给她们穿着。

当然，选料并不仅限于棉麻质地，比如耐脏、耐磨，穿起来又酷又有型的牛仔裤，就是一款百搭单品！ K&V 的衣柜里从牛仔衣、牛仔裤、牛仔裙、牛仔马甲、牛仔外套到牛仔衬衣一应俱全。

尺寸合身才舒服、美观

其实，经常听到一些爸爸妈妈说，他们喜欢给小朋友们选择大一号的衣服，理由是宝宝长得快，买大一号就可以多穿一段时间。然而，实际情况是买大一号的衣服，小朋友们松松垮垮穿了一段时间，穿得不合身也不舒服，更不要提美观了。爸爸妈妈唯一判断正确的是，小朋友们真的长得很快，等到明年把这些"大一号衣服"再拿出来，就可能发现衣服小了，小朋友们已经穿不了了。既然宝宝们的成长速度那么难以捉摸，不如就买此时此刻最适合他们的尺寸吧！

场合不同，搭配不同

说了很多设计安全、面料环保和尺寸合适的话题，让我们来聊聊宝宝的穿搭吧！小淳认为，在穿搭方面，最重要的当属仪式感。

穿衣打扮，场合很重要。如果带 K&V 去公园郊游野餐，我会为她们选择 T 恤牛仔搭配运动鞋，吸汗耐脏又便于运动；此时换成小皮鞋的话就会显得不伦不类。但是如果带她们去参加一些正式的活动，或是去亲友家做客，那小皮鞋就是 100 分的首选哦！

小朋友穿得干干净净，搭配得体，不仅体现着一个家庭的生活态度，更是对小朋友本身的尊重。精致穿衣是用心生活的起点，对 K&V，我一直抱有这样的态度和期待。

穿出风格

小朋友也可以努力穿出自己的风格哦！

对待 K&V，我不会因为她们是女孩，就成天给她们穿得粉红粉红的，像动画片里走出来的一样。尝试一些素净白、海军蓝以及经典的黑白灰，反而可以衬托出小朋友的纯真。在这里也建议新手妈妈，如果刚开始实在不知道如何为小朋友选择合适的风格，可以先入手一些怎么穿都不会错的基本款。有个顺口溜说："T恤有三宝，纯色，印花，条纹好。"条纹不管内搭还是单独外穿，都是风格利器。另外小女生也可以尝试小男生的酷感造型哦！

打扮小朋友，要像对待一个小大人一样，这样不仅是为了好看，更是从各个方面帮助她明白，她是家庭里的一员，是一个独立的个体。

从单品入手后，还没有太多经验的妈妈可以参考网络或时尚杂志上一些当季流行的搭配方式，挑些合适和喜欢的风格给宝贝尝试。你会发现，宝宝居然小小年纪就如此有明星范儿！

Kivi&Viki

吸睛亲子装，穿的是创意

儿童期是大展亲子装的好时机哦！

亲子装看似简单，其实把握起来还是有难度的。穿得一模一样，一家三口站在一起，像同一款产品的Ｓ、Ｍ、Ｌ号；总是这么穿，难免有些过时。所谓的协调，其实是讲究细节上的呼应，最容易出彩的当属色彩呼应，比如爸爸的领带，妈妈的衬衣和小朋友的裙子，可以选择同色系。类似能够发挥的细节还有很多：妈妈的包包和小朋友的鞋子同一色系，妈妈的裤子和小朋友的帽子同一色系，等等。这就是所谓的亲子装的 2.0 版哦！

需要注意的是，一家人站在一块儿，如果着装风格上有冲突，那么整体看起来也不太和谐呢。比如妈妈穿着卫衣，小宝宝穿着蕾丝裙，那么色彩再如何一致，放在一起也不会协调，因为两者的风格相差太远，像两个不同场合走出来的人。

面料也是风格的一部分哦！

亲子装在某种程度上，是展现家人亲密情感的一种方式，所以，也不必太局限于条条框框，大家可以尽情去创造，创造属于自己的独一无二的亲子装。

怀孕别怕，继续练

124

05.

漂漂亮亮长大
——K&V 演绎 6 种场合情景穿搭

场合 : 我要飞得更高——机场 LOOK

小朋友的机场 LOOK，作为妈妈我首先考虑的是"行动方便"与"舒适保暖"。

LOOK 1
全棉条纹，坐飞机要有型，更要舒适哦！

* T恤：阿尼亚斯贝（Agnes.B）
* 裙裤：伊势丹入
* 运动鞋：鬼冢虎（Onitsuka Tiger）

　　宝贝们的舒适度在长途飞行中显得尤为重要，在相对狭小的空间里，她们的体感舒适了就不太容易哭闹哦。推荐穿着全棉 T 恤——柔软、吸汗、弹性好。至于为什么选择条纹图案？一起复习一下 T 恤穿搭口诀——T 恤有三宝，纯色、印花、条纹好。下装我则选择了百搭的卡其色裙裤，裙裤的设计更方便 K&V 的活动，同时避免了小朋友们容易走光的尴尬。加之今日的造型本身就走帅气风，搭配一双配色出挑的运动鞋更应景。

小淳妈妈

机舱内温度较低，妈妈们为小朋友们多备一套宽松柔软的外套长裤用于保暖，以备小朋友不时之需哦！

场合2：大王派我来巡山——户外 LOOK

尽情撒欢是小朋友的天性，解放她们的天性首先就从解放束手束脚的穿着开始吧！

LOOK 1
常春藤学院风之超前体验

- 藏青色T恤：盖璞（GAP）
- 牛仔裤：盖璞（GAP）
- 白色运动鞋：Familiar
- 藏青色针织开衫：盖璞（GAP）

　　藏青色搭配经典牛仔，自在又随意，还带了点儿运动气息，不能更时髦。如果觉得上身的色调偏暗，就拿小白鞋来提亮，增加整套造型的明快气息。不难发现藏青色 T 恤外面还套着藏青色针织衫，以备小朋友们冷了穿上，跑热了脱掉，非常适合气温阴晴不定的春秋季。至于 T 恤和针织衫为什么选择了同色系，切记搭配箴言"全身的色彩搭配不要超过三个颜色"哦！

小淳妈妈 TIPS

穿搭切记束手束脚，自在舒适的穿着会让宝宝玩得更尽兴。内搭加外套的组合更能适应户外忽冷忽热的环境。

◈ T恤：阿尼亚斯贝（Agnes.B）
◈ 裙裤：伊势丹入
◈ 鞋子：梅丽莎（Melissa）
◈ 背包：MARLMARL_YOM

　　小朋友总爱跑来跑去到处玩，所以我为 K&V 选了一套卡其色短裤加 T 恤，而星星发卡与衣服上的英文"STAR"遥相呼应。这样的穿与搭，动物园情景下依旧能如法炮制。另外，我为 K&V 梳了半丸子头和苹果头，将刘海儿碎发全都扎了起来，这样即使她俩玩疯了，也不用担心头发扎到眼睛。

小淳妈妈 TIPS

1. 小朋友在室内游乐场需要脱袜子防滑，所以最好不要穿连裤袜。
2. 宝宝运动前，请把她们的刘海儿扎起来，防汗防扎眼。

帽子：MARLMARL_YOM
上衣：魔女赫本干妈韩国入
裤子：盖璞（GAP）
鞋子：鬼冢虎（Onitsuka Tiger）

　　这天我们要带K&V去大岛上看火山，因为沿途风大又要徒步走泥地和沙地，这套造型的功能性目的便是保暖、防风、耐脏和好走路，因此选择了牛仔长裤和运动鞋。夏威夷有不少波西米亚文化村，何不给她们试试小嬉皮风格呢？蓬蓬上衣以蓝色针织花边妆点出浓浓波西米亚风情，同时也呼应了下半身的蓝色元素。加之这款双层设计的T恤本身防风效果不错，很适合旅行郊游呢。小草帽在增加造型完整度的同时还能遮阳，一举两得。

小淳妈妈 TIPS

1. 牛仔元素与波西米亚风格是不会出错的经典搭配。
2. 对于儿童穿搭来说，好看重要，功能性更重要！

LOOK 4
极简美好

◦ 发饰: 夏威夷入
◦ 连衣裙: 亚卡迪（Jacadi）
◦ 鞋子: 哈瓦那（Havaianas）

　　翻出一件式灰白竖条纹连衣裙，颜色素净，简简单单，只用"小飞象袖子"增添一丝童趣和可爱，搭配一双好走又俏皮的黄色小凉鞋。在为 K&V 的搭配配色方面，我一直认为不仅仅只有粉红、粉紫才适合小女孩，有时候选择高大上的"黑白灰"色系反而不落俗套。同理，皮肤偏白的小男孩同样可以尝试粉色，说不定就挖掘出暖男气质了呢！配合无色系的极简风格，发型同样不宜太过繁复，我特别为她们配了清爽丸子头，一套简单却又不失细节的沙滩 LOOK 完成。

小淳妈妈TIPS

1. 想不出怎么穿的时候，一件式小连衣裙解救你！

2. 为小女生规避粉色系，选择"黑白灰"反而会更显洋气；皮肤偏白的小男孩尝试粉色，打造小暖男气质。

LOOK 5
用小小配饰平衡帅气和甜美感吧！

◎ 帽子：MARLMARL_YOM Sakura樱花粉色
◎ 牛仔裙：盖璞（GAP）
◎ 小凉鞋：哈瓦纳（Havaianas）

　　甜美的荷叶边牛仔裙混搭帅气的巴拿马小草帽，这样的 K&V "萌" 到你了吗？女孩子的混搭风格用小小配饰就能轻松打造。因为 K&V 穿了蓝色的牛仔裙，我便没有再为她们拍摄过多的海边照片。在《盛装旅行》中曾经讲过——拍照的 "补色学"，因此我留心寻找能和蓝色形成强烈反差的颜色，好让小 K 小 V 能从背景里 "跳" 出来。途中偶遇这辆红色小轿车，就让两只小臭美去把红车车当道具。现在照片拍出来效果是不是很不错？

小淳妈妈 TIPS

拍照的补色学非常重要，非常重要，非常重要，重要的事情说三遍！

场合 ᴈ：浪花一朵朵——沙滩 LOOK

既然无论男孩还是女孩都拒绝不了挖沙的乐趣，何不将她们装扮成酷感十足的"沙雕大师"？!

☼ 牛仔外套：盖璞（Gap）
☼ 条纹T恤：小帆船
☼ 哈伦裤：飒拉（Zara）
☼ 鞋子：Familiar
☼ 小熊饰品：Helen(干妈魔女赫本饰品)
☼ 发饰：妈妈的DIY

LOOK 1
牛仔很忙

　　牛仔外套虽然经典，但穿在小朋友身上为何不多点心思创造点趣味呢？挑选一些有趣的徽章、胸针是经济又出彩的方式。Helen干妈的小飞机和小象鼻头，K&V很喜欢呢！在小朋友最爱的玩沙时间，耐脏又不怕洗涤变形的牛仔上衣和舒适的哈伦裤是最佳组合，酷感十足又方便活动，是不是颇有小小艺术家的范儿呢？

小淳妈妈 TIPS

出挑的饰品，是令素色穿搭多些趣味、多点细节的最佳道具。

LOOK 2
疯狂迪士尼

- T恤：小帆船
- 牛仔衬衣、针织外套：盖璞（GAP）
- 连裤袜：Bonpoint
- 凉鞋：梅丽莎（Melissa）
- 婴儿推车：Bugaboo bee 3

　　灰色打底裤配一件特大号的牛仔衬衣，用黑白条纹T恤打底，身上颜色大方、不冲突，又充满了活泼气息。东京的迪士尼靠海边，风大，为了保暖我为她们套了一件厚实的连帽白毛衣，而白色则呼应T恤的白。带有迪士尼图案的小红鞋是特意为迪士尼之行准备的。进园后的第一件事就是带她们去买米妮头饰，呼应脚上的米妮鞋，红黑色。再次增加米奇元素，提亮主题。

小淳妈妈TIPS

1. 天冷风大的室外游乐场，多穿几层容易脱的衣服。
2. 穿着迪士尼去迪士尼，特别合群！

场合 4：偶尔“名媛”的淑女风——小小名媛风

稍微正式的穿着让小朋友明白什么场合要有什么行为的道理，从小不做“熊孩子”。

LOOK 1
小小名媛，有型有款

- 开衫：盖璞（Gap）
- T恤：塔卡沙（Tyakasha）
- 裙裤：伊势丹入
- 鞋子：梅丽莎 ×迪士尼（Melissa × Disney）

这套 LOOK 是不是有一点小正式？ K&V 的举动都“淑女”起来了呢。这一身是去叔叔家做客的造型。和我们大人的着装准则相似，稍显低调沉着的颜色更适合正装——藏青色针织外套、黑灰色连裤袜，搭配卡其色裙裤，俩人俨然一副小名媛模样哩！当时才 18 个月的小朋友对于“走光”这件事还没有意识，但是作为家长有责任从小提醒女孩子“穿裙子腿腿要并拢”之类的礼仪。当然更为体面的方式是在一些稍为正式的场合以裙裤替代短裙，妈妈再也不用担心全场都看得到娃用什么牌子的尿片啦！

小淳妈妈 TIPS

若正式场合担心小女孩穿裙子露出“裙底风光”不太雅观，裙裤是绝佳的替代品。家长也应该从小提醒女孩子穿裙子的礼仪，你别以为她们还小不懂哦，习惯就是要从小培养呢。

裙子：小钻石（Little Diamon）
鞋子：梅丽莎（Melissa）

　　倘若夏天出行做客，一件雅致的小洋装就能穿出气质。和大姑娘去约会一样，one piece（连衣裙）是出彩也最偷懒的搭配秘籍。K&V这两款连衣长裙同款不同色，裸粉色和苹果绿带来盛夏的一抹小清新。那一次出行的目的地盛产兰花，所以我将兰花作为装饰，给K&V一人一朵侧别在头发上，增添一味优雅。好了，再配一双小皮鞋就可以立即带她们去高级餐厅也不会失礼啦！

小淳妈妈 TIPS

1. 旅行中试着把当地特色作为装饰搭在身上吧！
2. 去比较高级的餐厅，你的娃也和你一样穿着得体，会很加分哦。

场合 5：舒适仿若"葛优瘫" ——居家 LOOK

居家着装，就要舒适随意堪比"葛优瘫"，怎么舒服怎么穿！

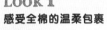
LOOK 1
感受全棉的温柔包裹

◎ T恤：凯特·丝蓓（Kate Spade）
◎ 打底裤：飒拉（Zara）

　　作为居家 LOOK，上衣是稍带修饰的棉质白 T，下身则为简简单单一条打底裤，一样选择了质地松软、吸汗的全棉材质。没有晃眼的色彩，没有华丽的装饰，在家里就要舒适到完全没负担。当然随意不等于随便——裤子上的波点与衣服上的红色 KISS 小元素在高级的白色与灰色搭配基础上增加了童趣。

小淳妈妈 TIPS

在家就该怎么舒服怎么穿——忘记繁复的装饰，让宝贝享受全棉的温柔怀抱吧。

场合6：一天到晚游泳的鱼——泳装 LOOK

选对款型，一件式泳衣比比基尼更靠谱安全，以及时髦不减分哦！

LOOK 1
时髦姑娘爱藏蓝

◎ 亚卡迪（Jacadi）

LOOK 2
条纹小水手

◎ 亚卡迪（Jacadi）

妈妈很幸运能参与到两个生命的成长中，
谢谢Kivi&Viki

LOOK 3
波点精灵

⊛ 泳装：朋友礼物（巴厘岛入）

　　去海岛旅行，泳装造型必不可少。例如夏威夷之行，我一共为 K&V 准备了三套泳装，分别为藏蓝色镶白边经典款泳装、简洁款条纹泳装，和小蜜蜂加金龟子的卡通泳装。三套泳装都是一件式连体款，在泳装的选择方面，我会刻意避开比基尼，小朋友的身形更像是一只可爱的小青蛙，肚子部分呈外凸形，所以连体泳衣更能突显小朋友们可爱的蝴蝶骨和凸凸肚！配色方面我更倾向于雅致高级的藏蓝色或者经典的水手条纹，这些典雅的风格反而能衬托出小朋友的天真可爱。如果是水上游乐场的话，卡通形象更应景哦。

小淳妈妈 TIPS

1. 相较于比基尼，连体泳衣更能勾勒出小朋友的身体特点，突显可爱特质！
2. 为小朋友选择优雅系的藏青色调可能会产生不一样的效果。

家有男宝，穿搭怎么玩？

　　虽说男生穿搭不如女娃那么丰富多变，但是各位妈妈们，手牵一枚帅气小正太和一只邋遢小王出街的差别还是很大的哦。"T恤有三宝，纯色、印花、条纹好"，这句穿搭箴言同样适用于小男生。韩剧里小正太一身白T，总是能轻易戳中阿姨们的萌点，可见经典T恤的魅力所在！妈妈在为小男孩搭配造型时优先从这三类T恤下手，能够少走很多弯路哦。

　　听说衬衫是检验男生帅与否的唯一标准，想让小男生收起随意，展露出暖男气质，衬衫为首选。最不易出错的纯白色和牛仔色经典又百搭，无论是背带裤还是牛仔LOOK都能完美驾驭，彰显帅气与可爱。

　　天气微凉，依旧想潮，怎么办？一件颜色够跳或花色够萌的卫衣，搭配牛仔裤，小男孩立刻变身cool boy！

　　最后想说，男生也别省配饰，鸭舌帽、报童帽、围巾、领结，小背带，小小细节彰显男娃风尚！

你是宝宝最好的摄影师

　　不知道妈妈们是否有这样的感觉？想要给宝宝拍出美美的照片，真是一件不容易的事情呢。连大导演李安都说过："世上最难拍的三件事物，分别是动物、水和小孩。"很多妈妈也会微博留言，诉说自己的苦恼："我们家宝宝总是要么乱跑，要么不看镜头，根本拍不到，小K小V好会拍呀！"其实，小朋友再难拍，也是有解决方案的，在这里给大家分享几个小淳的心得。

　　第一，拍不到正脸没关系，侧面的、背面的、奔跑的状态，一样有惊喜！

　　小朋友都是天真、活泼和好动的，K&V亦是如此。如今长大了，我带她们出去玩的时候，只要一准备给她们拍照，她们就像跟我躲猫猫似的，根本不给正脸，追也追不上。既然拍不到她们的"静若处子"，不如抓拍她们的"动若脱兔"吧！比如背影、侧脸、大口吃东西的样子，甚至哭鼻子的、不小心摔倒的都是最自然的瞬间，都是抓拍的好素材。这样拍出来的照片，要比让小朋友摆出呆板的姿势、大声说"茄子"，来得更真实和生动。所以，既然正脸

142

拍不到，不如就去记录一些有趣瞬间吧！

第二，家才是宝宝最好的摄影棚，把生活的细节定格成照片，有情绪感最美哦！

很多新妈妈新爸爸，都把为宝宝拍照当成一件认真严肃的事情对待，等宝宝到了一百天、周岁纪念日，就一定要带到他们到影楼里，坐得端端正正的拍一套。其实，等到这样的照片印出来，你会清楚地看到，拍得最动人、最叫人爱不释手的，都是充满情绪感的，比如小朋友在大哭、大笑、眨眼睛、挤眉毛……这些情绪，连童星都很难通过摆拍、表演来实现。而小朋友的情绪，只有在熟悉的环境里，跟熟悉的人，在放松的状态下，才更容易呈现。对小朋友来说，这样的地方是哪里呢？当然是舒适温暖的家里了，所以才说，家才是宝宝最好的摄影棚。

↑
我的地盘我做主

简直是mini版妈妈

　　小淳觉得，小朋友的照片，在属于她们的特殊纪念日里，比如100天，周岁时等，可以对待得隆重些，去摄影工作室拍；但是也千万不要错过日常生活里的点点滴滴，那才是她们成长过程中最真实的可爱模样。

　　很多爸爸妈妈担心自己不是摄影师或者摄影发烧友，没有上好的装备，也对构图等技巧没有研究。其实，这些都不重要，小朋友的照片，只要能呈现出情绪感，都是很吸引人的。而没有人比爸爸妈妈更懂得自己孩子的情绪，也只有父母才愿意花这么多心思去观

要的就是情绪感

察、去挖掘、去等待他们情绪的来临，因而也只有父母才有机会抓拍下他们可爱的瞬间！我的经验是，对日常生活里任何能够激发小朋友情绪的一刻，只要她们没有危险，都在第一时间掏出手机，麻溜的多拍几张；很多智能手机不是都有连拍功能嘛，一般来说，几十张照片总能有那么一两张，抓住了小朋友最饱满的情绪、最可爱的模样。如果全是模糊的，一千张里都选不出一张来，那就把爸爸打包送去摄影培训班吧！

第三，小朋友一旦情绪爆发，就难以控制，无法继续拍摄？没关系，治理 K&V 的秘籍送给你——巧用小饼干和小道具。

K&V 六个月的时候，我带她们去拍护照照片，无论摄影师怎么哄骗，她们就是不肯看镜头。那一刻，造型师的经验毫无用武之地，但是只要拿出两块手指饼干，吸引她们的注意力，一点一点把饼干挪到镜头的方向，再播一段她们平日里熟悉的音乐（《我的好妈妈》）就全都搞定了。护照照片冲洗出来，有模有样的，还真像那么回事儿呢。

小饼干、小玩偶都是小朋友最熟悉的小伙伴，这些东西特别容易吸引她们的注意力。小朋友的情绪都来得快去得也快，无论是大哭、大闹还是活蹦乱跳或者满屋乱窜，一旦被另外一件事成功吸引了注意力，她们立马就会切入到另一个状态。所以每次有 K&V 参与的拍摄，我都会备一些手指饼干或者小玩具什么的，以防不时之需。

第四，为宝宝拍照，耐心比什么都重要。

这本书一直在强调一点，新妈妈最需要的是耐心，无论是前一章的产后瘦身还是后一章的宝宝辅食，或者日常生活里的引导和沟通，以及我们现在讨论的，为她们拍照这件事。K&V 一岁半的时候，我带她们参与《瑞丽伊人风尚》杂志的拍摄，那天早上起来突然发现小 V 感冒了，还发着烧，情绪不太好。到了影棚，两个人比赛哭闹着要外婆抱，怎么都搞不定她们。当时好崩溃，只能尽我所能地用小道具分散她们的注意力，好不容易哄好了，一套衣服还没拍完，又哭了起来。没办法，这就是小孩子和成年人不一样的地方。遇到

追求美也要保持个性，
不可人云亦云!

《ELLE》杂志2014年10月刊
摄影师：李贺

这样的极特殊情况，我会选择"养"自己的耐心。我一直明白一件事，等 K&V 长大了，一起聊天的机会可能不会太多，她们将来都会有自己的生活，不会一直陪在我身边，所以，与其被她们成长中的"小麻烦"影响心情，不如用力享受这种长大了以后就不会再有的可爱之处。所以呀，为小朋友拍照，试试看在她们的情绪失控之前，通过小道具引开她们的注意力；但如果这个方法也不管用，没有关系，只要我们花足够的心思陪伴她们，有足够的耐心引导她们，不断拍摄，不断记录，长久下去，终有一天你会突然发现，你的手机相册里，不知什么时候已经存满了小宝贝们的美妙瞬间。

第五，手机才是第一生产力，全靠爸妈手脚麻利。

在给小朋友拍照这件事情上，我一直坚信，手机才是第一生产力。如今的手机像素这么高，冲洗无压力。我曾经用过一段时间的微单，但等我换好了镜头，对好了焦，K&V 的情绪早就没有了。有一次我在厨房洗菜，忽然，客厅里传来奇怪的声音，探头一看，妹妹居然正为坐在椅子上的姐姐"吹"头发，嘴里还模仿着吹风机发出"呜呜呜"的声音，那小模样简直太可爱了！我赶紧掏出手机，蹑手蹑脚拍摄起来。这样的瞬间真的好难得。试想如果这时候去找相机，很可能等我准备好，她们已经结束了所有动作，而且相机动静大，容易惊动到小朋友。

所以，随时随地准备好你的手机，认真留意小朋友的生活细节，抓住她们的饱满情绪和可爱表情吧。小 K 小 V 的好照片，我都是用这样的方法，一张一张积累起来的呢！

你也可以试试哦！

最后一点，我在《盛装旅行》里也反复提到过，我一直坚持定期挑一些电子设备里的照片，冲洗出来，放进相册和相框里。在科技日益发达的现今时代，照相的成本越来越低，认真冲洗照片的人也越来越少，然而我总觉得，人都有惰性，当照片在冷冰冰的电子硬盘里越积越多，我们只会越来越嫌打理照片麻烦，从而越来越少地回头认真看那些照片。之所以坚持冲印照片，大概是我不希望在K&V长大之后，这些我每天为她们记录的成长瞬间，只剩下一个损坏的甚至找不到了的U盘。

小淳妈妈

1. 拍不到正脸没关系，侧面的、背面的、奔跑的状态，一样有惊喜！
2. 家才是宝宝最好的摄影棚。
3. 巧用小饼干和小道具。
4. 为宝宝拍照，耐心比什么都重要。
5. 手机才是第一生产力。

附：你和摄影大师之间只隔了几个 APP

　　小朋友的照片拍出来，想要足够大片范儿，一样离不开后期处理。不过，小朋友的照片制作，不需要过多的美图和修饰，只需要从整体色调、裁剪、拼图和文字添加几个方面入手已经足够，尽量留下属于孩童的纯真。

　　分享几个我的最爱吧！

调色

　　大师级调色应用，当属 MIX 和美图秀秀。

　　MIX 非常简单好用，里面滤镜的款式既多又美，还能选择一键生成，曝光度、对比度、亮度和锐度都是为大家设置好的。如果找不到心仪的现成滤镜，那么可以 DIY 然后储存为自己的专属滤镜，方便又贴心。对了，记得试试里面的素描和卡通效果，虽然很多应用都有这两个功能，但是 MIX 里的格外细致和特别。添了 MIX 里卡通效果的 Q 版小朋友，看起来特别逼真和生动，给大家展示一下：

拼图和裁剪

　　拼图界的良心 APP，我最喜欢 JANE、Instasize 和 B612。

　　JANE 因为网红的推广和宣传，成名已久。比起 JANE，Instasize 和 B612 的名气稍逊，但这三款软件都可以让你在照片旁边添加文字，写心情语录。小淳最喜欢的是 B612、JANE 和 Instasize 的裁剪效果，比如圆形剪图功能可以把小 K 小 V 的一个个小表情装在圆框框里，显得格外俏皮和可爱，此外，黄油相机也有相同的功效哦！

　　如果说 JANE 和 B612 是名媛可爱风，Instasize 就是高大上、性冷淡界的翘楚。一张照片告诉你为什么：

配字和海报

你喜欢时尚杂志的海报风格吗？我也喜欢，并且曾在 P 图应用的海洋里挖地三尺，成功挖出两款神器——Phonto 和黄油相机。

就算你没有听说过 Phonto，你也应该经常在社交媒体上看到过它的效果图：

这一类的效果图，很多都出自 Phonto。Phonto 的这个功能出现得很早，这些年还在不断添加新惊喜，大家可以多多挖掘哦。

黄油相机里的字体也是一绝，我最喜欢"康熙字体"，规规矩矩里透着童趣和可爱，很有小 K 小 V 的气质。在辅食照片上添菜

名，大多数时候，这款字体都是我的最爱。

　　黄油相机的滤镜效果不如之前提到的 MIX，但是配字经常是惊喜连连。各种文艺小清新的字体，选择之多，足够妈妈们挑花眼，因为字体特别可爱，格外适合小朋友！此外，它还有另一个优点会让忙碌的妈妈特别喜欢，那就是所有你在首页里看到的照片效果，只要你喜欢，只要你想拥有，只需要"DING"一下，就立即能收割成自己的。是不是省时省力得无敌了？爱死这个创意共享的时代了吧！

相框

　　以上功能全部物尽其用的新妈妈，如果还想再提升一下档次，推荐 Squareready 和 Clipcrop 给你。我最常用的是它的宝丽来相框功能。宝丽来相框是给照片平添一层艺术性的绝佳手法，在 Clipcrop 里，相框有粗有细，选择很多。除了添加白边框，编辑器里还有好多其他颜色任由挑选，连透明度也是可以自行调整的呢。总之，它有更多的自由度和空间，在滤镜、字体之上，让你继续挑战，尽情发挥创意！

视频

说完了照片，说说视频吧！

和照片比起来，视频能听到声音，看到具有连贯性的画面，能更加真实地把小朋友成长过程中最生动、直观和鲜活的样子保存下来，简直是科技带给热爱记录生活点滴的我们的礼物！还记得我小时候，爸爸在大家都只拍照的时候，想到用磁带把我的声音录下来，已经是很不容易的高成本行为了！现在，所有的一切都可以用一台手机完成，小 K 小 V 生活在这样的时代，真是太幸福了。

如果新妈妈还知道如何巧用 APP 录出视频来，直接就可以剪成一小段"大片"了！

我最喜欢的拍视频神器是小影和美拍。美拍制作简单，分享方便；小影功能强大，极富专业范儿，可供挖掘的功能很多。它们都可以分段录制，一小段一小段地记录下小朋友的各种有趣片段；录完之后，还可以马上通过剪辑，保留自己喜欢的部分，配上音乐，添加字幕和滤镜，甚至还有慢动作功能。动动手指就能把简单的生活小细节做成一段颇有专业范儿的微电影。

更厉害的是，前面说到小朋友总是跑来跑去，很难拍到，打开视频跟在她们后面，拍不到的难题直接解决掉。也许新妈妈刚开始接触视频拍摄，会很不习惯，不知道怎么拍才更有艺术感。不要着急，我最开始也有这样的问题，所以我平时看喜欢的视频和电影的时候，会多留意导演是怎么取景的，该选择用近景还是远景拍摄。平时多揣摩，自然而然就会运用在自己的拍摄里；长此以往，拍出来的视频，有多专业说不上，但是一定会比最开始要有大片范儿得多哦。

如果觉得麻烦的话，还可以选择 APP 里自带的模板，一键完成剪辑、音乐和滤镜，日后播放起来，一样会觉得是一段极富收藏价值的珍贵影像——小朋友每个阶段的成长，都是一去不复返的呀。

这些 APP 你够用了吗？

Chapter

5

平衡人生，美出质感

"对我而言，我最在乎的是家庭与事业的平衡、彩妆艺术与商业时尚的平衡、亲情与爱情的平衡、身心动与静的平衡，甚至每一天饮食中，蔬菜与肉食的平衡。我一直觉得，自信、自在地过好生活里的每一分每一秒，以平衡的心态和状态活出质感人生，很重要！"

我所追求的平衡人生

K&V 断奶之后，造型师的工作开始召唤我，我要复工啦！

重新投入工作，生活节奏又回到了怀孕之前的忙碌，出差、录影接踵而至，JUNKO EYELASH 也因为有了更进一步的发展，占去了我史多的精力和时间。除此之外，在日常工作之余，我和魔女赫本 Helen、赵阿姨还有两位好友顺应潮流，合作开设了微信公众号"淳粹生活志"。虽然繁忙，但做的事都是自己喜爱的，生活充实而有趣，即使被朋友们打趣形容"无工作，不淳子"也不觉得辛苦。

但是，有了 K&V 之后，我不想再让工作占据生活的绝大部分。我想要的是平衡，在家里是好太太、好妈妈，在职场是女强人。从前，我和先生用旅行平衡工作与生活。每当我们各自结束一段时间的忙碌，就会选择一个旅行目的地，它可以是世上的任何一个角落，我们会去到那里，享受短暂而舒适的放空。现在，K&V 来了，我们非但没有放弃热爱的旅行，还尽一切可能增加两个小座位给她们。可是我知道，陪伴孩子不是平时忙自己的，偶尔带她们旅行一下就够了的，日常的陪伴和教育，一样都不能少。

上海有句老话，叫"从小做规矩"，意思是要让小孩养成良好的生活习惯。我们作为父母，是宝宝的第一任老师。我们最初灌输给孩子的是非观念、为人原则，很可能会影响她们的一生。俗话说得好，三岁以后谈教育，三岁以前重陪伴。对于目前十八个月大的K&V，我希望给予她们"足量"的陪伴，而不是因为追求事业，变成一个"缺席妈妈"。

孩子成长得那么快，前一秒她们还在喝 neinei（上海方言发音，母乳的意思）下一秒就要开始吃辅食了。亲眼看着 K&V 一步一步，越来越多地了解这个世界，看着她们学习走路，常常感慨，如果我错过了这些精彩的成长瞬间，那么无论我的事业发展得如何成功，都弥补不了没有陪伴她们快乐长大的遗憾。

好了，在谈教育和陪伴之前，对十八个月大的 K&V 来说，吃才是她们的头等大事。所以，在 K&V 还没有进入辅食阶段的时候，我就已经做好决定，哪怕工作再忙，都要尽最大可能亲手为她们做辅食。为了更好的操办她们的"头等大事"，我给自己定下规矩：一切工作，十点以后开工。我会在七点准时起床，去菜场采购最新鲜的食材，做好营养丰富又美味的辅食，再开始自己的一天。

记得曾经听过一位投资家描述幸福，他说："幸福的本质是一种感觉，一种追求快乐而又有意义的感觉。"做辅食之后，原本已经足够忙碌的生活，又紧张了一些。但看到现在的 K&V 越来越爱吃饭，几乎每次都能吃得碗底朝天，我深刻感到我所做的一切，是多么快乐且充满成就感。所谓幸福的本质，应该就是这样了吧。

02.

造型师妈妈的一天

如果今天我是普通妈妈：

7:00~7:20 　如果宝贝们没有把我"哭醒"，那么幸福的一天从 7 点
　　　　　多自然醒开始。

7:20~8:30 　去菜市场和超市采买新鲜食材，做好当天辅食，与
　　　　　K&V 一起吃早餐（我一直强调培养宝宝自己吃饭，所
　　　　　以不用"喂"）。

9:00 　　　在家里与办公室的小伙伴们通一个早会电话，然后在
　　　　　家完成当天需要我完成的工作量。间隙当然也是要与
　　　　　K&V 常常互动啦。

14:00~15:00　每周有 2 次，我会在下午去和健身教练约会，谈人生平衡这件事之前，首先身体素质要跟上。

15:30~17:00　去办公室处理当天必要的工作，以及与同事沟通新品研发、产品宣传等需要我亲自参与的工作。

17:30　准时下班回家亲 K&V。

18:00~19:00　全家人一起的晚餐时间，基本我们都会在家吃，健康也更有亲情氛围，一顿晚餐是家人们一天里最美好的相聚时光。

19:30~20:00　与 K&V 爸爸一起陪两只小调皮玩耍，在她们 1 岁以后开始一起阅读启蒙书籍。

20:00~20:30　给 K&V 轮流洗澡。自从出了月子，我逐渐练就了麻利的洗澡神功，两只小调皮半小时全部搞定脱衣、洗澡、抹香香三步骤。虽然辛苦，但是亲手为她们洗澡的日子是妈妈的福利啊。

21:30　跟 K&V 说晚安。如果她们安然入睡，那么开始我与老公的二人世界，看一部电影，计划下一次旅行……通常我会在 11 点前入眠。从很年轻开始我就不喜欢熬夜，我相信早睡早起才能精力旺盛地平衡好工作与生活的美好关系。

如果今天我是"造型师"妈妈：

5:30　自从有了这对姐妹花以后，我的工作会安排在尽量早开始，以减少出差的需要。所以，如果要出差，会请邀请方订大约9点半到10点的交通。所以，我会需要在5点半就起床为K&V准备早餐——既然今天妈妈不能陪你们，那么也一定会为你们做好"妈妈牌"辅食。

6:00　化妆、做头发，利落迅速地将自己"还原"为"造型师淳子老师"。

7:00　可能我已经在飞机上，或者去机场的路上。如果是国内出差也有可能是在高铁上，高铁准点率高，全程手机可以接通，方便我随时了解K&V的点滴。

11:00　到达目的地以后第一时间会给家人报平安，并了解一下两小只的状况，毕竟，正是她们最粘妈妈的年纪呢。

18:00　结束一天的工作以后，会在晚餐时间与宝贝们视频，与她们互动。

19:00　如果可能的话，我已经在回家的路上了，如果你是妈妈，或者你以后做了妈妈就会明白，这样的"归心似箭"有多甜蜜！

23:00　或者可能更晚，到家看到一对宝贝儿，亲亲她们，然后卸妆洗澡安然入睡——我知道，明天一早就会看见她们的如蜜糖一样的甜笑。

曾经，蹬着高跟鞋，在璀璨的都市夜幕下，穿梭在各个品牌华丽派对的造型师淳子，当然并没有消失，只是，我的时间表因为 K&V 而稍有不同。我还是那个将美妆和时尚作为事业的我，只是，现在我还是一枚妈妈，我期望有一天，K&V 会自豪地和朋友介绍——我的妈妈是个时尚的造型师，所以生活和事业，我努力平衡，并且，目前来看，做得还不赖哦。

03.
平衡的一天，从为宝宝做辅食开始

做辅食，已经成了我每天的生活日常。

宝宝长到六个月后，母乳中的营养构成已经无法继续满足她们的生长需求，我必须适时给她们添加辅食了。这个阶段的她们，除了考虑营养摄入方面的问题，咀嚼、吞咽、消化功能和牙齿也都在不断发育，需要辅食来帮助成长。

总之，辅食的重要性，新妈妈一定在宝宝出生之前，已经了解得七七八八了，不用我再加以强调。在这里，特别想分享的是，我为什么坚持自己做辅食。

首先，当今食品安全问题堪忧，婴儿那么脆弱，实在不放心给她们吃摸不清楚原料来历的成品辅食。自己做的话，所有食材都由自己挑选，无添加，宝宝安全，妈妈放心。其次，平时就很爱做料理的我，对这一点深有体会：自己做饭，新鲜程度和数量都可以控制，吃多少做多少，环保不浪费。不过最重要的，还是因为妈妈亲手做的辅食，每一口都带着浓浓的爱啦！而我自己看着 K&V 吃，也会觉得好幸福！

给 K&V 做辅食这件事，看起来容易，但真正动起手来，并没

有想象的顺利。

　　刚开始的时候，那些密密麻麻的制作注意事项，什么小豌豆要剥皮，胡萝卜要先炒再煮……看得我晕头转向！不过辅食制作的工序，虽然繁复，想到K&V吃得津津有味的可爱样子，我还是乐在其中。那段时间，只要是挂着"辅食神器"标签的东西，统统都想搬回家。

　　终于要开始动手挑战K&V的辅食了，一向自诩厨艺精湛、自信满满的我，竟然紧张起来。第一次制作米糊，我按照要求，精准地舀了5克米粉，冲出来却像水一样稀稀的。送到K&V嘴边，她们根本不给面子不张嘴，两只鬼精灵大概是已经预感到，这是一碗失败的米糊了吧！我尝了一小口，确实有哪里不对，可能是水与米糊的比例问题，一边思考，一边默默把这碗充满爱的"第一次米糊"倒进水槽里。K&V坐在宝宝椅里，愣愣地看着我，好像在好奇："饭饭去哪儿了？"

在不断的研究和尝试里，我的食材搭配和制作手法日趋成熟，K&V也开始慢慢接受我做的辅食了。每天，我看着她们一小口一小口吞咽，幸福得简直要飘起来。

以为自己终于打赢辅食大战，要迎来一片春天了，却原来只是进入了一个充满挑战的新阶段。小孩子的心情和天上的白云一样，变幻无常，捉摸不定，同样的辅食，K&V第一天爱吃到不行，第二天居然碰也不碰！

那么问题来了，做得再好，宝宝不吃，怎么破？

我摸索头绪，和K&V"斗智斗勇"了好一段时间，才终于找到搞定她们的绝招，新手妈妈们不妨也试试哦！

就不吃！

适时更换，食材要丰富

有些食材营养虽好，但天天给她们吃，也是会腻的！经常给宝宝尝试些新食材，才能更好地调动她们刁钻的小胃口。例如，吃腻了普通胡萝卜，换成迷你的手指胡萝卜吧！

做法更多样

有些营养是必需品，比如蛋白质，小朋友要保证每天一个鸡蛋的摄入。炒蛋，煮蛋，蒸蛋，换着花样轮番上阵，再不行，来个鸡蛋饼给她们尝尝。

米饭也是每天必须摄入的碳水化合物之一，所以也得变着花样

你不吃，我吃！

给她们吃。吃腻了白米饭，就用海苔包迷你饭团，或者在饭里撒一些三文鱼调料。给米饭穿上"小马甲"，分分钟把小家伙骗到，叫她们俩吃嘛嘛香的！

形式要逗趣

小家伙们刚来到世界上，好奇心都特别旺盛，尤其喜欢玩一些新鲜的东西，所以不妨改变食物的呈现方式给到她们。比如，吃腻了芒果，就可以把芒果切成小格子，在上面放一些动物形状的小叉子，让她们像做游戏一样，主动把食物放进嘴里。

餐具要可爱

漂亮的餐具有激发她们食欲的神奇功能，发现这个"新大陆"之后，我便定期给她们添加各种可爱的小叉子、小勺子、小餐盘，以此增加她们主动吃饭的兴趣。

就这样，辅食之旅虽然开头让我有些摸不着头脑，但在写这本书的时候，我已经修炼成宝宝辅食的一把好手了呢。18 个月大的 K&V 每次都能把饭吃得香喷喷的，羡煞很多新妈妈。记得有一次为 K&V 做了红枣糯米粥，我刚把碗端给她们，一个转身回来，Viki 碗里的粥居然已经没有了，如果不是她小嘴巴上还粘着米粒，我真是怀疑她趁我不注意把粥倒掉了！就这样，辅食这件事，我越做越上手，K&V 也越来越爱吃。现在，准备辅食这件事俨然已经成了我和 K&V 之间重要的情感纽带，每天早上出门之前，用心为她们做一顿热腾腾、香喷喷的辅食，再看着她们自己动手，一口一口吃完，这已经是我最热衷的"日常"了呢！

不仅如此，因为辅食越做越好看，每一餐都可爱得叫我忍不住拍下来，PO 在网络上。这些有妈妈温度的辅食，原本只是为了记录 K&V 的日常，没想到居然收获了意外的询问度。总有新手妈妈感叹，我的辅食让她们看得直流口水，希望我把食谱分享出来，这样的肯定，又为我添了一份满足感。所以，在这一章的最后我为大家附上了我的"淳牌辅食"菜单，想看的可以直接翻到 175 页哦。

04

训练宝宝自己吃饭，"平衡妈妈"有耐心

小 K 小 V 在大约十四五个月的时候，已经有了饭要自己吃的意识。她们会乖乖坐在宝宝椅上，一勺一勺舀起食物送进自己嘴里。因此，微博上常有朋友留言：淳子老师好福气，生了两个那么省心的天使宝宝！

其实，在我眼里，聪明有可能是天生的，但好习惯一定是培养出来的。这个道理的领悟，来源于我早年的亲身经历。19 岁那年我在日本留学，每到周末都会去定居日本的叔叔家做客，婶婶是位典型的日本太太，他们有两个儿子。那一年，我的弟弟们一个四岁，一个两岁。

日本婶婶培养小孩自己吃饭的方法，我至今印象深刻：弟弟们有专属餐椅，每到吃饭时，他们会乖乖坐到自己的位置上，拿起勺子，一口一口吃进去，没有人喂。刚开始，弟弟们吃得很辛苦，用叉子叉，却不小心把叉子掉在地上，弄脏地板。他们有时候着急了，就干脆直接拿手抓，吃得手上、脸上、衣服上全是米饭。当时我心里想，多折腾啊，不如直接喂他们吃来得方便。这些还算是好的，有时候弟弟们淘气起来，不好好吃饭，每到这时，只要饭点一

过，婶婶就把饭菜收掉。等弟弟们淘气完了，饿了，闹着要吃的，婶婶也不予理会。起初我觉得这有些小残忍，但一段时间后我发现，弟弟们果然吃饭不淘气了，懂得按时上桌，乖乖地把饭吃完，还吃得特别香。

成年之后，总听见家里大人开玩笑，说我小时候吃饭，那叫一个糟糕。我是奶奶带大的，那时候整个大家庭只有我一个小孩子，所以我格外受宠。每次吃饭时间一到，我就开始乱跑，家里的阿姨、嬢嬢们轮流拿着饭碗在后面追赶，追上了就塞一口。我一吃饭，大人们都累得不行，我还经常闹着不肯吃。

对比下来，弟弟们学吃饭的样子，给了我很大的启发。K&V出生前，我早早准备了婴儿餐椅。稍大一些，我就让她们坐在各自的小餐椅上，把小餐盘放在她们面前，告诉她们，饭前要洗手，戴上围兜，不能趴着吃，躺着吃，或者跑着吃。我反复提醒自己，身为家长，不能因为小朋友们年纪小，就暂时原谅她们的不良习惯，以至于她们到处添麻烦还不自知。

当然啦，即便是立下了这些规矩，执行起来依旧不是一件容易的事。

K&V吃饭时，总喜欢餐具和手脚并用，吃得浑身都是。我粗略估算了一下，给她们洗衣服、洗餐盘和座椅的工作量，远远大于给她们喂饭！但是好妈妈不怕麻烦，引导刚刚来到世界不久，对一切都懵懵懂懂的小宝贝们，最需要的就是耐心了。所以，不管她们吃得有多么乱七八糟，只要能吃下去，我就会鼓励她们："K&V好棒！加油！"

姐姐吃饭卖命

妹妹吃饭卖萌

176

　　有时候花了很多心思做好的辅食，刚端上餐盘，就被她们一胳膊打落在地，又要收拾残局又要重做辅食，难免会有些委屈。每到这时，我又会提醒自己：要有足够的耐心。

　　即使 K&V 大多数时候都很乖，但每个小朋友都有小恶魔的一面，有时候，她们前一天喜欢吃的茄子，到了第二天，突然连碰都不愿碰，毫无征兆。这样的事发生的时候，我都努力控制脾气，先从自己身上找原因：是不是我今天做的东西不好吃？或者她们吃腻了？我会首先试图理解她们，告诉自己，大人也有自己的口味偏好，有吃腻东西的时候呀，人之常情，小孩子也一样，没什么大不了。调整一下自己的情绪，我再对她们说，"来，那我们是吃面面还是吃饭饭呀？"让她们自己做选择。通常情况下，这一招屡试不爽，大约是小孩子有了参与感，积极性被调动起来了一些。但如果她们还是一副顽强抵抗的样子，我则会和当年的婶婶一样，把饭菜暂时收拾起来，等到下个饭点再吃吧！

　　现在，十八个月大的小 K 和小 V，已经养成了不错的吃饭习惯。虽然只要有外婆在家，那个我年少时从日本学来的"不吃就等到下顿再吃"的终极惩罚手段，就无法完全实现，但是，和从来没有被培养过意识，一吃饭就满屋乱跑的小朋友比起来，小 K 小 V 的吃饭习惯，已经让我很欣慰了。

　　引导和培养宝宝的生活习惯，虽然没有那么平顺，但途中还是时常有惊和喜。你也许说了很多遍，她们就是理解不了，记不住，但也许不知什么时候，你又会突然发现，那些好的习惯，已经潜移默化，变成她们的一部分了。

有一次，我带 K&V 外出吃饭，桌前一坐，小 K 小 V 就拉住我的手，要我站起来走，嘴里念着"da ya da, da ya da"……她们居然看到我饭前没有洗手，要拉着我去洗手。那一刻我颇有感慨：原来言传身教，真的可以在孩子身上扎下根。父母用心付出的效果，虽然不像孩子上学，可以用分数迅速判定成绩，但在生活的细枝末节里，慢慢地都会有所显现。

我知道，在未来漫长的成长岁月里，K&V 一定还会养成很多很多的好习惯，而我将会更有耐心地引导、等待和陪伴她们。

童装：Kivi&Viki

附：来自儿科医生的辅食建议

上海美华医院儿科医生：
缪琼（儿科主治医生）

淳子 x 缪医生问与答

问：宝宝什么时候可以开始吃辅食？

答：四个月之前千万不能给宝宝吃辅食，因为那时她们的咀嚼吞咽功能还没发育完善。对于六个月大的宝宝来说，乳汁营养的构成，已经不能完全满足她们的生长需求了，这个时候就必须添加一些泥糊类辅食。但是如果六个月后还没有开始添加辅食的话，宝宝就有患上贫血的风险。

问：宝宝的第一口辅食应该是什么？

答：宝宝的第一口辅食应该是大米米糊。对于四个月的宝宝来说，胃肠道和消化道才刚刚具有消化淀粉的功能，因此吃不了别的食物。大米米糊口味清淡，很少有宝宝会排斥，更重要的是，对大米过敏的宝宝非常少（牛奶、花生就很多）。米糊的摄入也要有过渡，从稀到稠，这样可以帮助宝宝适应新的食物品种。但不能太稀，一定要做成糊。米糊的适应期大约是一到两周。

问：除了米糊，我们还能为宝宝选择什么辅食？

答：米糊之后，我们就可以给宝宝们喂蔬菜了。蔬菜一定要从绿叶菜入手，比如生菜、菠菜、青菜。要记住的是，六个月之后才能尝试根茎类蔬菜，例如土豆、胡萝卜和南瓜。宝宝从七八个月月龄，可以开始添加荤菜、豆类和蛋黄，例如鸡胸肉、猪肉、牛肉，鱼类的话建议吃三文鱼和桂鱼。当然，荤菜一定要做成泥状！八个月后可尝试给宝宝吃营养丰富的蔬菜肉粥或面。随着咀嚼能力的增强，可给予面包、馒头等促进牙齿萌生及口腔发育的食物，这对宝宝日后的语言能力有很大帮助。

问：如何面对宝宝食物过敏问题？

答：有些宝宝对豆类、牛奶和鸡蛋过敏，新妈妈在喂养的时候一定要注意宝宝的身体反应，及时甄别和判断。一般的过敏反应主要表现为皮肤变红，出现腹泻或者呕吐现象。宝宝是否对一种食物过敏，有时要三天才能显现出来，三天之后不过敏才能继续吃。新妈妈不要吃了一两次感觉没事，就放心大胆把食物喂给宝宝了。

问：宝宝需要补充什么必备的营养元素？

答：小朋友们从 14 天开始，便要补充维生素 D3 了，每天 400 毫克到 600 毫克，一直需要补到他们两岁左右。因为适量的维生素 D3 可以帮助促进钙质吸收，促进骨骼发育。而 DHA 其实在母乳中已经存在了，不必额外摄入，如果添加了也没有负面效应。

附 2：亲手料理，我的"淳牌辅食"菜单

期望，长大后的一天，K&V 能自豪地问小伙伴："啊？罐头辅食是什么鬼啊？"

亲手为宝贝做辅食是我身为妈妈的一份责任，但是做着做着，常常自己都想忍不住尝一口，怎么办？！呵呵，或许因为我是造型师的关系吧，对食物也有着不自觉的美感要求，并且下意识地也融进去了最求平衡的个性偏执——色面要美、要荤素搭配、要干湿平衡，好啦，我知道我有点"龟毛"，但看到宝贝吃得开心，以及粉丝们看得垂涎，那种小小的成就感，让我坚持到现在还在为她们亲手煮食哦！我的小小心愿是，长大以后，姐妹花会想念"妈妈的味道"，而不是一脸嫌弃地回想"吞食罐头的那些年"。

好了，回归正题，究竟有哪些"淳牌辅食"菜单呢？选了几样人气最高的与你分享。

P.S. 下文中的菜单是按 K&V 两人份来做的，一个宝宝的妈妈请把所有材料减半哦。

181

"米米糊糊"，快乐成长——米糊类辅食

恭喜宝贝们终于到了可以尝尝"人间美味"的 6 月龄啦。这个时候可以给宝贝们添加辅食了。宝贝的第一口辅食一定是专门的婴儿米糊。专门为这一特殊成长时期设计的米糊，除了是一种食物之外，其中更是强化了多种矿物质和维生素，尤其是铁、锌等营养物质，令这个时期的宝贝能够及时获得所需营养。我最初为 K&V 选择的是大米米糊，吃了一段时间后添加小米米糊，再后来也尝试了七种谷物米糊。不过，建议妈妈们在一段时间以后加入新鲜蔬菜以及蛋黄等食物令营养更均衡哦。

米糊类辅食

西蓝花银鳕鱼米糊

【备料】 西蓝花半棵 / 银鳕鱼约 80 克 / 蛋黄四分之一个 1 人份 / 米糊 2 人份

【做法】 1. 将西蓝花切掉根部，然后掰成小块，煮熟沥干待用。2. 取 80 克去皮去骨的银鳕鱼蒸熟后与四分之一蛋黄加入西蓝花，用碾磨碗将西蓝花碾成糊状。3.50~60℃的热水冲调米糊。将米糊与西蓝花糊均匀混合搅拌，如有需要可以再加水稀释到宝宝容易入口的质感。

小淳妈妈

蛋黄是宝贝每天需要摄入的食材，以保证每天摄入足够营养。

183

米糊类辅食

胡萝卜土豆牛肉泥米糊

【备料】 胡萝卜半根 / 土豆半个 / 牛肉泥 50 克 / 米糊 2 人份

【做法】 1.先取适量米粉，用 50~60℃的热水冲调至米糊，待用。2.将翻炒后的胡萝卜与土豆洗净后切成小样，加入辅食机蒸熟后，搅拌成泥状。3.以米糊放于碗底，浇上颜色可爱的胡萝卜土豆泥，和香香的牛肉泥就好啦。

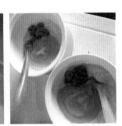

小淳妈妈 TIPS

请为 1 岁以前的宝宝选择大米米糊哦！

"粥" 天 "粥" 地——粥类辅食

　　上海话里"粥"和"作"同音，"作"的意思你们都知道，就是各种带点"小可爱的烦人小举动"。小孩子难免有各种作，可能是肠胃不舒服，也可能是情绪问题，这个时候，一碗颜色鲜明，味道鲜美的粥，就是最健康温暖的妈妈牌美味。当然，对于她们小小的娇弱的肠胃，米粥也是日常最营养最温和的选择哦，变着花样一起来做粥吧！

粥类辅食

河虾生菜蘑菇粥

【备料】 河虾 100 克 / 生菜 5 到 6 片 / 蘑菇 2 朵 / 奶酪 20 克

【做法】 1. 生菜洗净切碎、蘑菇切丁。河虾以清水煮熟后去壳去头切碎。2. 将大米煮成粥稍为放凉备用。3. 最后将河虾生菜蘑菇小碎末放入煮好的厚粥里，稍为搅拌即可食用。

小淳妈妈 TIPS

加入 20 克奶酪让味道更香浓又能补钙哦！

粥类辅食

胡萝卜土豆蘑菇牛肉粥

【备料】 胡萝卜1根/土豆1个/蘑菇3朵/罐装牛肉泥80克/奶酪20克/鸡蛋1个2人份/米粥2人份

【做法】 1.将大米煮成粥稍为放凉备用。2.胡萝卜、土豆、蘑菇分别洗净切丁备用。3.将胡萝卜丁用核桃油翻炒一下，然后和土豆丁以及蘑菇丁一起煮15分钟至软熟。4.用手动辅食研磨器将其与煮好的小米粥一起搅拌成泥状。最后加入蛋黄、奶酪、牛肉泥即可食用哟！

小淳妈妈 TIPS

胡萝卜翻炒过后才能将营养成分发挥到最大程度哦，所以别漏了这一步。

粥类辅食 3

鸡汤芦笋
"机灵粥"

【备料】 芦笋 100 克 / 蘑菇 3 朵 / 鸡汤一小碗 / 蛋黄 1 个 2 人份 / 奶酪 20 克 / 挪威小鱼 1.0 毫升 / 米粥 2 人份

【做法】 1. 将大米煮成粥稍为放凉备用。2. 芦笋蘑菇洗净切丁，鸡腿肉拆骨扯碎打成鸡肉泥。3. 将隔天炖好的鸡汤加入大米粥中滚煮一下煮成鲜鲜的鸡粥。4. 芦笋丁和蘑菇丁蒸熟后压泥，最后与蛋黄以及鸡肉泥一起拌入煮好的鸡粥中，并滴入"挪威小鱼"1.0 毫升。

小淳妈妈 TIPS

虽然吃得健康对宝贝是最重要的，但是适量加入"挪威小鱼"之类的 DHA 补充剂还是会对宝宝有帮助的哦。

粥类辅食

豌豆排骨蛋黄粥

【备料】 豌豆 100 克 / 排骨汤若干 / 蛋黄 1 个 2 人份 / 米粥 2 人份

【做法】 1. 将大米煮成粥稍微放凉备用。2. 将豌豆洗净、煮熟后,待用。3. 再将事先煮好的排骨去骨后与豌豆、蛋黄一起用辅食机打碎成泥状。4. 最后将其加入米粥,搅拌均匀。

小淳妈妈 TIPS

尽量为宝宝选择新鲜上市的时令蔬菜,既美味可口,又避开了催熟的反季节食物。

粥类辅食

5

丝瓜
鸽子肉粥

【备料】 丝瓜 120 克 / 鸽子汤 1 大碗 / 鸽子肉 50 克 / 蛋黄 1 个 2 人份 / 米粥 2 人份

【做法】 1. 将大米煮成粥稍微放凉备用。2. 事先炖好鸽子汤，然后将丝瓜洗净、去皮、切片备用。3. 将丝瓜薄片倒入鸽子汤中煮大约 10 分钟。然后与拆骨的鸽肉一起打成泥。4. 最后将白粥与蛋黄一起拌入丝瓜鸽肉泥即可食用。

小淳妈妈TIPS

每天早上我会做一锅新鲜的白米粥。然后分开使用。需要多少拌多少粥即可。余下的可以做晚餐搭配使用哦。

排排坐，吃果果——水果点心类辅食

小朋友生来都对甜甜的水果无法抗拒，然而并不是所有水果都
适合宝贝们吃，比如容易引起过敏的芒果、寒性的西瓜、容易上火
的荔枝等都不太适合。选择温和的水果常温弄给宝贝吃，就是最甜
蜜的"下午茶"。或者也可以选择类似红枣等干果为宝贝的点心提
供天然甜味，让他们更爱吃哦。

水果类辅食

苹果无花果泥

【备料】 苹果 1 个 / 无花果 3 个

【做法】 1.先将苹果洗净,去皮后用搅拌机打碎。2.无花果洗净后去皮切片,接着用手动辅食研磨器搅拌两物,直至看不到成块的果肉为止。

小淳妈妈 TIPS

这味水果羹用无花果代替了冰糖,更为天然健康。

192

水果类辅食

牛油果香蕉果泥

【备料】 牛油果 1 个 / 香蕉 1 根

【做法】 1. 先将牛油果洗净，切开，用勺子挖出果肉。2. 将切好的香蕉与牛油果果肉混合于碗中，用手动辅食研磨器将两者搅拌成泥状，直至看不到成块的果肉为止。

小淳妈妈 TIPS

牛油果极富有很高的营养价值，含多种维生素、脂肪酸及蛋白质，是宝贝很好的辅食原料。购买时最好留意选择一半黑色一半绿色的牛油果，黑色是立即可以吃的，绿色的则可以再放几天。

水果类辅食

猕猴桃

【备料】 奇异果 2 颗

【做法】 1.将奇异果洗净、去皮。2.接着将奇异果切成丁状后，装入可爱餐具。

小淳妈妈 TIPS

可爱的餐具更容易激发宝宝们的食欲哦！

点心类辅食

红枣血糯米粥

【备料】 红枣 4 至 5 颗 / 血糯米 80 克 / 大米 50 克

【做法】 1.将血糯米和大米洗净，以 6:4 的比例倒入锅中一起煮粥，温和慢煮约 1 小时，至熟。2.红枣去皮去核切成碎粒铺在粥上，天然谷物和干果的香软甜，K&V 特别喜欢。

小淳妈妈 TIPS

红枣可以蒸熟后去皮，我选用的灰枣果肉厚实味道香甜，很吸引宝贝。血糯米的话挑选闻起来有天然香气的就没错，这些谷物干果都来自我的好朋友 @赵阿姨的木耳菌，微博可以找到她哦！

换一种形式，胃口更好哦——其他类型辅食

　　不知道是不是因为两个娃的关系，K&V 一直以来的胃口都不错，两只小可爱就像是比赛着吃饭一样，经常展现出惊人的"吃货天赋"。但也有不少朋友的宝贝胃口欠佳，那么试试看用外形不一样的可爱辅食，给娃们换换胃口吧，谁不"喜新厌旧"呢？哈哈。

其他类辅食 1

银鳕鱼
西蓝花面条

【备料】西蓝花 1 棵 / 银鳕鱼 80 克 / 蛋黄 2 个 / 面条 若干 / 奶酪 20 克

【做法】1.将水烧开后放入若干面条，煮熟后，待用。2.再将西蓝花瓣成小块，洗净，煮熟后，用手动辅食研磨器搅拌成泥状。3.接着将奶酪、蛋黄、银鳕鱼与西蓝花泥加入面条搅拌即可。

小淳妈妈 TIPS

记得一岁之前依然需要选择零盐分的面条哦！

其他类辅食

迷你小馄饨

【备料】馄饨皮儿 10 张 / 猪肉虾仁馄饨馅儿若干

【做法】1. 用剪刀将标准馄饨皮儿剪成四分之一大小，特别定制成迷你尺寸。2. 等水烧开，将小馄饨下锅，浮上来捞起即可。

其他类辅食

海苔小饭团

【备料】米饭 50 克 / 海苔 10 张

【做法】1. 用剪刀将海苔对半剪开。2. 用小勺子取少量米饭于海苔之上，包裹起海苔特别定制成迷你尺寸的海苔卷。

后记

美的言传身教

"父母就是孩子的一面镜子。无论何时何地，我都要努力做得更好，成为她们的榜样。"

01.

爱的传承，美的身教

父母刻在我人生里的深刻影响，我一直看得到。

小的时候，我爸爸因为工伤在家休养了几年，给了我们父女俩许多相处机会。那时候，他每天都陪伴着我。至今记得，他领着我去动物园看大老虎，用现在看来已经是老古董的胶片机给我拍照片；回家后，我们把被窝当暗房，躲在里面冲洗照片，又拿着剪刀剪花边。此外，他还教我读书，画画，写毛笔字……爸爸对我的呵护和陪伴，温馨又温暖。现在回想起来，充满安全感和快乐的童年，至今影响着我的生活态度。

我特别庆幸自己有这样一位父亲，他身体力行地让我感受到了陪伴的力量，能给女儿带来多么至关重要的影响。小 K 小 V 出生后，我的理念和付出都来自父亲的言传身教。我和 K&V 爸爸达成共识，一定要多花些时间，用心地陪伴在她们身边。不仅仅只是家中的陪伴，更要带她们出去，一起看看世界。

我的妈妈是一位勤劳且精致的女性，她有一双"魔力手"，不仅把自己打扮得得体端庄，而且我小时候的衣服，也都是来自妈妈的温暖牌"高定"，我的小毛衣，小套装，小袜子，小帽子，都是妈妈一针一线织出来的。依稀有印象，从小妈妈就变换着帮我扎各种小辫子，到了三四岁时，甚至还给我烫了头发。小时候的我在妈妈的精心打扮下，干干净净，整整洁洁的，每天出门都美美的。

也许因为妈妈的强大基因和她的生活方式一直深深地影响着我，从小我就特别爱美。儿时经常对着镜子臭美，偷偷穿妈妈的高跟鞋，还趁爸爸睡着时给他化妆、涂指甲油。在这些生活细节中，我慢慢意识到，自己对美有着一种莫名的兴趣，这大概就是后来去日本学习美妆的缘由吧。虽然当时日本的美妆学校都是专门学校，并不是传统意义上的"大学"，但妈妈依然给予了最大的支持，正是这样，我才有机会成为如今的造型师淳子，而不是会计师淳子、程序猿淳子。

原来K&V的小臭美遗传于外婆

K&V的外公、外婆

如今的小 K 小 V，虽然才 18 个月大，但她们已经知道爱美了。比如她们会自己要求我给她们戴发卡，然后屁颠屁颠地跑到镜子前，对着镜子里的自己一边照一边傻笑。她们还会跑进我的衣帽间，偷穿我的高跟鞋，玩得不亦乐乎。上个月，她们还第一次烫了头发，现在变成了两只卷发小臭美。我想，她们对美的意识与兴趣，无疑来自造型师妈妈的影响，虽然 K&V 才刚刚来到这个世界，我已经在她们身上看到了满满的自己的影子。

对了，如果你看过我的上一本书《盛装旅行》，你一定知道我超级爱旅行，哪怕工作再忙，每年也一定会挤出假期。这十几年来，我和先生、闺密走遍世界各地，拍摄美美的照片。后来我意识到，其实我的这些爱好和习性都能在父母身上找到根源，我的爸爸妈妈都是超级旅行者。过去只要一有机会，他们就领着年幼的我坐上巴士，坐上火车，去一切可以去的陌生地方，探索未知的世界。而且，在我年幼时，他们为我拍摄了很多珍贵的照片，这些照片如今依然完好无损、整整齐齐地保留在相册里。每每翻阅它们，先生总会特别羡慕我有这样的父母。

父母的生活方式、理念和爱好始终潜移默化地影响着我，而 18 个月的小 K 小 V 又因为我的职业特性和生活习惯，变成了两个"臭美"的小姑娘。"身教"是一股多么强大的力量啊！它不仅能够影响下一代，还能通过下一代，继续传承下去，融进一个家族的血脉。也正因为切身感受到了"身教"的严重和严肃，无论是在事业上，还是在家庭中，我和先生都会更加注意自己的一言一行。我们不知道自己哪个不合适的言行举止，会无意间被 K&V 学去，所以我告诉自己，无论何时何地，我都要努力做得更好，成为她们的榜样。因为父母就是孩子的一面镜子。

未来的日子还很长，我们都在为了自己，为了家人，努力成为更好的人……

祖孙情

02.

陪伴是最好的礼物

写到这里，真的有些舍不得停笔和大家说再见呢！

不过没关系，我还会继续记录小 K 小 V 成长中的美好时光，等她们再长大一些，用下一本书和大家见面。所以，这个暂时的告别，是为了我们下一次更好的遇见。这本书的最后，还想和大家分享一个我给 K&V 准备小礼物的心得。

送礼物不在乎节日，就像大家说"选对情人，每天都是情人节"一样，日常的每一天，都可以是给予惊喜的特殊日子。我们不希望小朋友成为娇生惯养的小孩，因此在选礼物上，避免过于注重物质，心意最重要。K&V 一个月大的时候，先生和我在月子会所为她们特别录制了一段儿歌，这是我们初为父母的幸福声音，是我们给 K&V 和自己以及这个小家庭的珍贵回忆。六一儿童节的时候，K&V 爸爸查阅了好多儿童图书，为 K&V 精挑细选出了一套《幼儿学前专注力训练 100》，她们每天晚上都要拉着爸爸一起看，特别喜欢。

除此之外，我们还准备了两份大礼。

对待生活，我们都很信奉一个理念：要有仪式感。K&V 的到

第一次录儿歌给
K&V

来，每一阶段的成长，虽然中间夹杂了很多劳累和付出，但对我们而言，都是充满快乐和值得纪念的。纪念的方法，第五章里已经简单提到过——录视频。

2014 年 10 月 3 日，K&V 来到这个世界前的那个夜晚，我们离家去医院之前，打开 DV，录制了这套仪式里的第一个视频——我们对即将出世的宝宝的寄语。

"小 K，小 V，明天，你们就要来到这个世界上啦，爸爸妈妈真的好激动哦，就要看到你们啦！想对你们说，在你们未来的道路上，只希望你们能快乐成长……"

在她们的每一个成长阶段，我们都会录制这样的一段寄语视频。我们打算从幼儿园、小学，一直录到她们结婚，最近的一集是"戒奶嘴"哦！除此之外，还记得我前面提到过，平日里我特别喜欢拿着手机，跟在 K&V 后面拍视频吗？这些寄语和生活片段，先

2016.8.21 旅途中

怀孕别怕，继续练！

生都当作素材一段一段珍藏和积攒着，我们计划把所有的点点滴滴汇聚在一起，做成一段跨越二十多年的漫长微电影，等她们出嫁当天，在婚礼的大屏幕上播放出来，作为一份来自父母的特别惊喜。我想这不仅是给她们的礼物，也是属于整个家庭的温馨纪念。

第二份礼物，旅行。

说实话，带 K&V 一起旅行，起初的原因是自私的，她们来到世上之后，我发现自己不再适合一个人闯天下了。曾经喜欢出差和旅行的我，如今每次出门都带着满满的思念和牵挂，倒数着回家的日子，还会带一瓶她们平时用的"香香"在身上，闻着味道化解想念之情。于是，先生和我觉得，与其这样牵挂她们，不如把她们打包带走。

渐渐的，带着 K&V 一起看世界，变成了我们的家庭"日常"。

因为我们知道，环境对一个人的影响非常深远。

以前听过美国生物学家马克·罗茨威格做过这样的老鼠实验：他找了一批基因几乎一致的老鼠，分成两组，第一组放在贫乏环境里饲养，小老鼠只能靠吃科学家给的食物维持生存，第二组放在丰富环境里饲养，小老鼠们可以尽情玩耍，捕食。三个月后，丰富环境组里的小老鼠们，整体看起来活泼好动，机灵敏捷；而贫乏环境里的小老鼠们，呆滞笨拙，反应缓慢。之后科学家解剖了两种大脑，发现在丰富环境里成长的小老鼠们，大脑皮层在厚度、蛋白质含量、细胞大小上，都比另一组先进得多。

这说明什么呢？小朋友不管多小，每一次接触到的新风景、新事物，都会转化成他们的知识储备，性格储备，影响甚至决定着她们的未来。

所以，在能力范围内，带 K&V 出去看世界，尽可能的帮助她们见多识广，是我们送出的第二份礼物。十八个月的小 K 小 V，已经去过美国的夏威夷，日本的冲绳、大阪、东京，以及祖国的很多城市。虽然在旅途中，难免遇到小朋友生病，情绪不好的时候，但好父母都是锻炼出来的，这样的事何尝不是在帮助我和先生成长；而且，和 K&V 一起旅行的快乐，要远远大于她们带来的麻烦。

尽管小 K 小 V 现在才 18 个月大，很多人会说"孩子那么小，带她们出去玩，花钱花精力，到头来她们什么都记不得"。未来 K&V 会不会记得这些旅行的片段我不知道，但我能知道的是，现在的她们虽然还不太会表达，但已经能从照片中辨认出她们接触过的事物以及去过的地方了呢。今后的日子里，我们会带她们走更多的地方，让她们小脑袋里的世界地图越来越大。

我和先生也是第一次为人父母，还有很多要学习和积累的地方。今后，我们会以身作则，更努力也更用心地去生活。认真对待和她们在一起的每一天。亲爱的妈妈们，让我们一起在"和小朋友共同成长"这段甜蜜的冒险中携手并进吧！关于宝宝成长的方方面面，也欢迎微博交流互动哦！

下本书再见！

淳子礼服：Marchesa
K&V连衣裙：Bonpoint
场地提供：Monarca

图书在版编目（CIP）数据

怀孕别怕，继续辣 / 淳子著 . -- 长春 : 吉林科学
技术出版社，2016.9
ISBN 978-7-5578-1254-6

Ⅰ . ①怀… Ⅱ . ①淳… Ⅲ . ①孕妇－服饰美学②婴幼
儿－哺育 Ⅳ . ① TS973 ② TS976.31

中国版本图书馆 CIP 数据核字 (2016) 第 209005 号

怀孕别怕，继续辣

著 者	淳子	
策 划	紫图图书 ZITO®	
监 制	黄利　万夏	
丛书主编	郎世溟	
特约策划	蔚然新知 - 张应娜　另维	
特约编辑	宣佳丽　路思维　张秀	
出 版 人	李梁	
责任编辑	张卓	
开 本	880mm×1230mm　1/32	
字 数	110 千字	
印 张	7	
印 数	1-20000 册	
版 次	2016 年 10 月第 1 版	
印 次	2016 年 10 月第 1 次印刷	

出 版	吉林科学技术出版社
地 址	长春市人民大街 4646 号
邮 编	130021
网 址	www.jlstp.net
印 刷	北京瑞禾彩色印刷有限公司

书 号	ISBN 978-7-5578-1254-6
定 价	42.00 元